物联网安卓客户端
设计与开发实训教程

陈锐 编著

华南理工大学出版社
·广州·

内容提要

本书是针对中职物联网专业的学生而编写的实训教程，目的是使学生学会用Eclipse开发基于安卓系统的应用程序，用于控制物联网设备。所控制的物联网设备是编者依据真实的中职物联网实训平台的功能开发的模拟软件。本书采用"项目引领、任务驱动"的形式，循序渐进地讲解了物联网安卓客户端软件的设计和开发。全书总共十个项目，第一个项目是构建开发环境，配置Eclipse的安卓开发环境，以及掌握物联网实训模拟软件的使用方法，其余九个项目都是针对物联网设备的软件设计和编程开发，分别是智能开关模块之灯光控制、红外模块/RFID模块控制、数据采集模块控制、模拟温室大棚、Zgbiee模块控制、遥控飞行、飞行定位、双灯顺序启动、飞机智能停靠。每个任务都配套有详细的教学视频，供学习者学习和参考，扫描二维码即可观看。

本书既可用作中、高职计算机相关专业的程序设计课程教材，也可用作物联网安卓编程开发的基础培训教材，适合对物联网编程感兴趣的任何层次的读者。

图书在版编目（CIP）数据

物联网安卓客户端设计与开发实训教程/陈锐编著．—广州：华南理工大学出版社，2022.9

ISBN 978-7-5623-7014-7

Ⅰ.①物… Ⅱ.①陈… Ⅲ.①物联网–程序设计–中等专业学校–教材 ②移动终端–应用程序–程序设计–中等专业学校–教材 Ⅳ.①TP393.4 ②TP18 ③TN929.53

中国版本图书馆CIP数据核字（2022）第046080号

WULIANWANG ANZHUO KEHUDUAN SHEJI YU KAIFA SHIXUN JIAOCHENG

物联网安卓客户端设计与开发实训教程

陈锐 编著

出 版 人：柯　宁
出版发行：华南理工大学出版社
　　　　　（广州五山华南理工大学17号楼，邮编510640）
　　　　　http://hg.cb.scut.edu.cn　E-mail：scutc13@scut.edu.cn
　　　　　营销部电话：020-87113487　87111048（传真）
责任编辑：朱彩翩
责任校对：袁桂香
印 刷 者：广州小明数码快印有限公司
开　　本：787mm×1092mm　1/16　印张：13.5　字数：337千
版　　次：2022年9月第1版　2022年9月第1次印刷
定　　价：39.80元

版权所有　盗版必究　　印装差错　负责调换

前　言

随着物联网时代的到来，基于移动终端的物联网应用越来越多，如车联网App、智能家居App、可穿戴智能设备App等。物联网实现了对物质世界的远程控制。安卓是目前世界上使用占比最高的移动终端操作系统，因此开发基于安卓系统的应用成为我们学习物联网编程的首选。本书从职业教育理念出发，以培养学生解决实际问题的能力为目标，采用"项目引领，任务驱动"的形式，由浅到深精心设计层级递进项目，循序渐进地讲解基于socket网络通信编程的安卓客户端程序设计，旨在帮助学生建立编程思维和面向对象的思想。

1. 本书特色

本书讲解的是针对实训模拟软件的编程控制，用纯软件替代硬件设备，培养学生对移动客户端（如手机或平板电脑）物联网控制软件的程序设计能力。作为训练工具，软件相对于硬件设备有着明显的优势。首先，软件依附于电脑存在，安装在多台电脑就是多套模拟设备，而想要多套硬件必须花更多钱购买。软件的使用不会有任何损耗，而硬件在反复使用过程中，不断开关和拔插设备是有损耗的，因此无论是使用成本还是维护成本，软件都远远低于硬件。其次，软件随时都可以根据需求，非常方便地改进和扩展各种功能，只要点击在线升级即可，而硬件的升级相对麻烦，很多时候都须以旧换新或重新购置。再次，软件的稳定性、易操作性更是一大优势。本书模拟动画效果，非常适合引导学生入门，激发学生的学习兴趣，使程序开发变得更加生动有趣。

作为开发人员，要想真正掌握一门计算机语言，离不开多动手练习。本书既有针对某个知识点的案例，也有针对某个模块的案例，还有综合运用的案例，最大限度地帮助学习者真正掌握核心技术。

2. 本书内容

全书共十个项目，第一个项目是构建开发环境，其余九个项目是针对物联网设备的软件设计和编程开发而设置的。

项目一是构建开发环境，配置Eclipse的安卓开发环境，要求掌握物联网实训模拟软件的使用方法，为后续项目的开发打下良好的基础。

项目二是智能开关模块之灯光控制，主要讲解安卓程序项目的组成、架构和配置，程序项目中重要的两类——网络通信类mysocket和全局变量类glob_data的作用、架构、属性、方法，线程Thread的编程，Runnable对象和Handler对象组合使用实现定时运行机制的编程，消息处理机制的编程，控制智能开关模块所接设备的编程等内容。

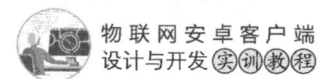

项目三是红外模块/RFID模块控制，主要讲解网络通信类mysocket的详细使用方法，线程Thread中使用Handler对象消息处理机制改变UI状态的编程方法，字符串处理函数substring和indexof组合使用的编程方法，红外模块开、关空调功能的编程方法，RFID卡号控制设备开关的编程方法等内容。

项目四是数据采集模块控制，主要讲解数据采集模块所接的状态传感器和开关的作用与特点，以及获取6个状态传感器值和控制开关的编程方法；布防功能、自动光感应功能、防灾功能、回家/离家模式的编程方法等内容。

项目五是模拟温室大棚，主要讲解获取数据采集模块上AD2和AD3接口的数据信息，同时用Integer.parseInt方法进行数制转换，再使用给定的公式进行数值换算，并通过Textview显示温度和湿度的编程方法，以及根据温度和湿度的数值控制风扇和空调的开关，达到抽湿和降温的作用，从而将温度和湿度控制在指定范围内的编程方法等内容。

项目六是Zgbiee模块控制，主要讲解获取Zgbiee模块上所接的状态传感器和温湿度传感器的作用和特点，以及获取状态传感器的状态值和温湿度传感器数值的编程方法；用Integer.toBinaryString方法将byte型数据转换成二进制字符串，以及将转换后的二进制字符串组合成标准的8位二进制字符串的编程方法；用int类型转换方法将byte型的温湿度数据转换成十进制数，并用给定的公式进行数值换算，以及根据温度和湿度的数值控制风扇和空调的开关的编程方法等内容。

项目七是遥控飞行，主要讲解运用菜单创建事件onCreateOptionsMenu创建菜单，运用菜单项点击事件onOptionsItemSelected触发点击菜单项事件的编程方法；运用onTouchEvent触屏事件组合MotionEvent.ACTION_MOVE、MotionEvent.ACTION_UP动作和mysocket类方法实现通过移动图标控制飞机移动的编程方法，根据飞机位置信息控制警报的编程方法等内容。

项目八是飞行定位，主要讲解获取飞机的位置，同时根据飞机的位置信息，按照屏幕比例进行等比缩放，实现同步定位显示的编程方法等内容。

项目九是双灯顺序启动，主要讲解弹出框AlertDialog.Builder对象进行另一个实训模拟软件ip地址输入的编程方法、多个实训模拟软件连接和关闭的编程方法、按要求启动2个实训模拟软件的灯的编程方法，以及实训模拟软件A的灯控制实训模拟软件B的灯的编程方法等内容。

项目十是飞机智能停靠，主要讲解弹出框AlertDialog.Builder对象进行多个ip地址输入的编程方法，以及实现飞机智能停靠的编程方法等内容。

本书既可作为中、高职计算机相关专业的程序设计课程教材，也可作为物联网安卓编程开发的基础培训教材，适合对物联网编程感兴趣的任何层次的读者使用。

编　者
2022年6月

目 录

项目一　构建开发环境 ·· 001
 【项目概述】··· 001
 【学习目标】··· 001
 任务一　安卓开发工具Eclipse的配置 ··· 001
  【任务描述】··· 001
  【任务实施】··· 001
 任务二　物联网实训模拟软件的安装和使用 ······································· 004
  【任务描述】··· 004
  【任务实施】··· 004
 【项目评价】··· 011
 【项目总结】··· 011
 【思考和练习】·· 011

项目二　智能开关模块之灯光控制 ·· 012
 【项目概述】··· 012
 【学习目标】··· 012
 任务一　界面设计 ·· 012
  【任务描述】··· 012
  【任务实施】··· 013
 任务二　主界面和"灯光控制"界面之间跳转的编程 ··························· 030
  【任务描述】··· 030
  【任务实施】··· 030
 任务三　主界面中退出系统功能的编程 ··· 039
  【任务描述】··· 039
  【任务实施】··· 039
 任务四　开灯功能、关灯功能的编程 ·· 041
  【任务描述】··· 041
  【任务实施】··· 041
 任务五　开/关灯功能的编程 ··· 050
  【任务描述】··· 050
  【任务实施】··· 050

任务六 闪灯效果的编程 052
【任务描述】 052
【任务实施】 052
【项目评价】 055
【项目总结】 056
【思考和练习】 056

项目三 红外模块/RFID模块控制 057
【项目概述】 057
【学习目标】 057

任务一 界面设计 057
【任务描述】 057
【任务实施】 058

任务二 主界面和"红外空调控制"界面及"RFID控制"界面之间跳转的编程 065
【任务描述】 065
【任务实施】 066

任务三 开/关空调功能的编程 068
【任务描述】 068
【任务实施】 068

任务四 RFID卡号控制设备开/关的编程 070
【任务描述】 070
【任务实施】 071
【项目评价】 075
【项目总结】 076
【思考和练习】 076

项目四 数据采集模块控制 077
【项目概述】 077
【学习目标】 077

任务一 界面设计 077
【任务描述】 077
【任务实施】 078

任务二 主界面和"数据采集模块控制"界面之间跳转的编程 087
【任务描述】 087
【任务实施】 087

任务三 防盗功能的编程 088
【任务描述】 088

|　　　【任务实施】 089
|　　任务四　自动光感应功能的编程 093
|　　　【任务描述】 093
|　　　【任务实施】 093
|　　任务五　防灾功能的编程 095
|　　　【任务描述】 095
|　　　【任务实施】 095
|　　任务六　离家/回家模式的编程 099
|　　　【任务描述】 099
|　　　【任务实施】 099
|　　　【项目评价】 100
|　　　【项目总结】 101
|　　　【思考和练习】 101

项目五　模拟温室大棚 102

【项目概述】 102
【学习目标】 102

任务一　界面设计 102
　【任务描述】 102
　【任务实施】 103

任务二　主界面和"温室大棚"界面之间跳转的编程 107
　【任务描述】 107
　【任务实施】 107

任务三　加强光合作用的编程 109
　【任务描述】 109
　【任务实施】 109

任务四　显示温/湿度的编程 113
　【任务描述】 113
　【任务实施】 113

任务五　湿度调控和温度调控的编程 115
　【任务描述】 115
　【任务实施】 115
　【项目评价】 117
　【项目总结】 117
　【思考和练习】 118

项目六　Zgbiee模块控制··119
【项目概述】··119
【学习目标】··119
任务一　界面设计···119
【任务描述】··119
【任务实施】··120
任务二　主界面和"Zgbiee模块控制"界面之间跳转的编程·····································122
【任务描述】··122
【任务实施】··123
任务三　防盗、自动光感应、防灾功能以及离家/回家模式的编程·······················124
【任务描述】··124
【任务实施】··125
任务四　温/湿度显示和调控的编程···133
【任务描述】··133
【任务实施】··133
【项目评价】··137
【项目总结】··138
【思考和练习】··138

项目七　遥控飞行···139
【项目概述】··139
【学习目标】··139
任务一　界面设计···139
【任务描述】··139
【任务实施】··140
任务二　主界面和"遥控飞行"界面之间跳转的编程··142
【任务描述】··142
【任务实施】··143
任务三　拖动图片控制飞机移动的编程···145
【任务描述】··145
【任务实施】··145
任务四　模拟雷达报警功能的编程···153
【任务描述】··153
【任务实施】··153
【项目评价】··156
【项目总结】··156
【思考和练习】··156

项目八　飞行定位 ·· 157
　【项目概述】 ·· 157
　【学习目标】 ·· 157
　任务一　界面设计 ·· 157
　　【任务描述】 ·· 157
　　【任务实施】 ·· 157
　任务二　主界面和"飞行定位"界面之间跳转的编程 ·· 159
　　【任务描述】 ·· 159
　　【任务实施】 ·· 159
　任务三　定位飞机位置的编程 ··· 160
　　【任务描述】 ·· 160
　　【任务实施】 ·· 160
　　【项目评价】 ·· 163
　　【项目总结】 ·· 163
　　【思考和练习】 ··· 164

项目九　双灯顺序启动 ·· 165
　【项目概述】 ·· 165
　【学习目标】 ·· 165
　任务一　界面设计 ·· 165
　　【任务描述】 ·· 165
　　【任务实施】 ·· 166
　任务二　主界面和"双灯顺序启动"界面之间跳转的编程 ·· 169
　　【任务描述】 ·· 169
　　【任务实施】 ·· 169
　任务三　两个实训模拟软件的灯按顺序启动的编程 ··· 174
　　【任务描述】 ·· 174
　　【任务实施】 ·· 174
　任务四　实训模拟软件A上的灯控制实训模拟软件B上的灯的编程 ······························ 181
　　【任务描述】 ·· 181
　　【任务实施】 ·· 181
　　【项目评价】 ·· 186
　　【项目总结】 ·· 186
　　【思考和练习】 ··· 186

项目十　飞机智能停靠 ·· 187
　【项目概述】 ·· 187

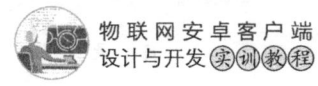

　　【学习目标】···187
任务一　界面设计··187
　　【任务描述】···187
　　【任务实施】···188
任务二　主界面和"飞机智能停靠"界面之间跳转的编程······································190
　　【任务描述】···190
　　【任务实施】···190
任务三　飞机根据两个实训模拟软件上的雾况自动选择停靠点的编程··················195
　　【任务描述】···195
　　【任务实施】···196
　　【项目评价】···204
　　【项目总结】···204
　　【思考和练习】···205

参考文献··206

项目一 构建开发环境

【项目概述】

开发安卓软件有两种比较常用的工具，一种是谷歌原生的Android开发工具Android Studio，另一种是著名的跨平台自由集成开发环境Eclipse。本书通过选用配置Eclipse来开发安卓软件。由于本书开发的物联网安卓客户端软件控制的是依照中职物联网实训平台开发的仿真模拟软件，因此要在Windows系统中安装物联网实训模拟软件，并学会如何使用和测试。

【学习目标】

（1）学会配置Eclipse开发安卓软件。
（2）了解并掌握物联网实训模拟软件的使用。
（3）掌握使用TCP/UDP工具测试物联网实训模拟软件。

任务一 安卓开发工具Eclipse的配置

【任务描述】

通过配置集成开发环境Eclipse，使之能开发安卓软件项目。

【任务实施】

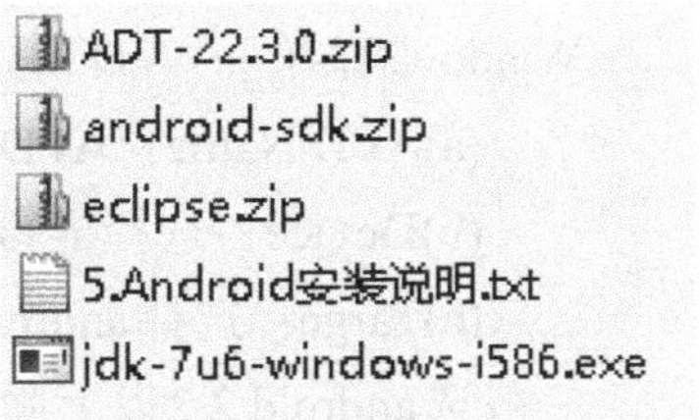

集成开发环境 Eclipse软件包的下载地址： http://www.gzhpzz.net/hp88/upfile/(201493151621)1.rar。下载后，解压的文件如图1-1所示。

ADT是安卓开发工具——Android Develop Tool 的简称。目前Android开发所用的开发工具是Eclipse，在Eclipse编译IDE环境中，安装ADT，为Android开发提供

图1-1 软件包文件列表

开发工具的升级或者变更，简单理解为在Eclipse下开发工具的升级下载工具。

Android-SDK是安卓软件开发组件Android Software Development Kit的简称，提供在Windows/Linux/Mac平台上开发Android应用的开发组件。

Eclipse是著名的跨平台自由集成开发环境，通过配置可以开发程序C、C++、JSP等多种程序项目。

JDK 是 Java 语言的软件开发工具包，主要用于移动设备、嵌入式设备上的 Java 应用程序。JDK 是整个 Java 开发的核心，包含 Java 的运行环境（JVM+Java 系统类库）和 Java 工具。安卓程序是基于 Java 而衍生的。

下面将用以上 4 个软件包配置 Eclipse 的安卓开发环境：

【第一步】安装 JDK。以管理员的身份运行 JDK-7u6-windows-i586.exe 文件，根据安装提示，一步步安装即可。安装完成后，通过 cmd 的 DOS 界面测试，运行 Java-version。出现相关 Java 版本的信息提示即表示安装成功。

【第二步】安装 Android-SDK。

（1）解压 Android-SDK.zip 到 d:\Android\Android-SDK-Windows（可以更改为其他目录）。

（2）添加环境变量。我的电脑→属性→系统设置→高级→环境变量→系统变量→Path→变量值，用"；"分割后，添加信息 "d:\Android\Android-SDK-Windows\Platform-tools"。通过 cmd 的 DOS 界面测试运行：adb-help。出现 SDK 相关信息提示说明安装成功。

【第三步】解压 Eclipse.zip 到 d:\Android\Eclipse，然后运行目录中的 eclipse.exe 文件。

（1）设置工作空间 Workspace：d:\Android\Eclipse\Workspace

（2）安装 ADT：

    (a) Help 菜单→install new software

    (b) Add→

    Name：ADT

    Location：点击 archive 选中解压出来的 ADT-22.3.0.zip 文件。

    其中 "Contact all update sites during install to find required software" 项不打钩。

（3）设置 Android-SDK 目录：

Windows 菜单→Perferences→Android→SDK Location：d:\Android\Android-SDK-Windows

（4）建立虚拟机：

Windows 菜单→AVD Manager→New

    (a) AVD Name：AVD

    (b) Device：选择屏幕尺寸。一般选 5.1 寸屏以上，5.1\5.7\7.0 都可。

    (c) Targe：选择 androidapi 版本。

一般选 android 2.2 以上版本，Google APIs(Google Inc.)-API level 8 以上。

（5）设置显示程序调试窗口 Logcat：

Windows 菜单→Show View→Console

Windows 菜单→Show View→Other→Logcat

（6）新建一个显示 "Hello world!" 的 Android 项目：

File 菜单→New→Android Application Project。在 Application Name 项目名称中输入 hello，其他默认，按 Next 直到完成。

项目一　构建开发环境

在左边的Package Explorer项目列表，鼠标右键点击项目hello→Run As→1 Android Application，运行程序，如图1-2所示。

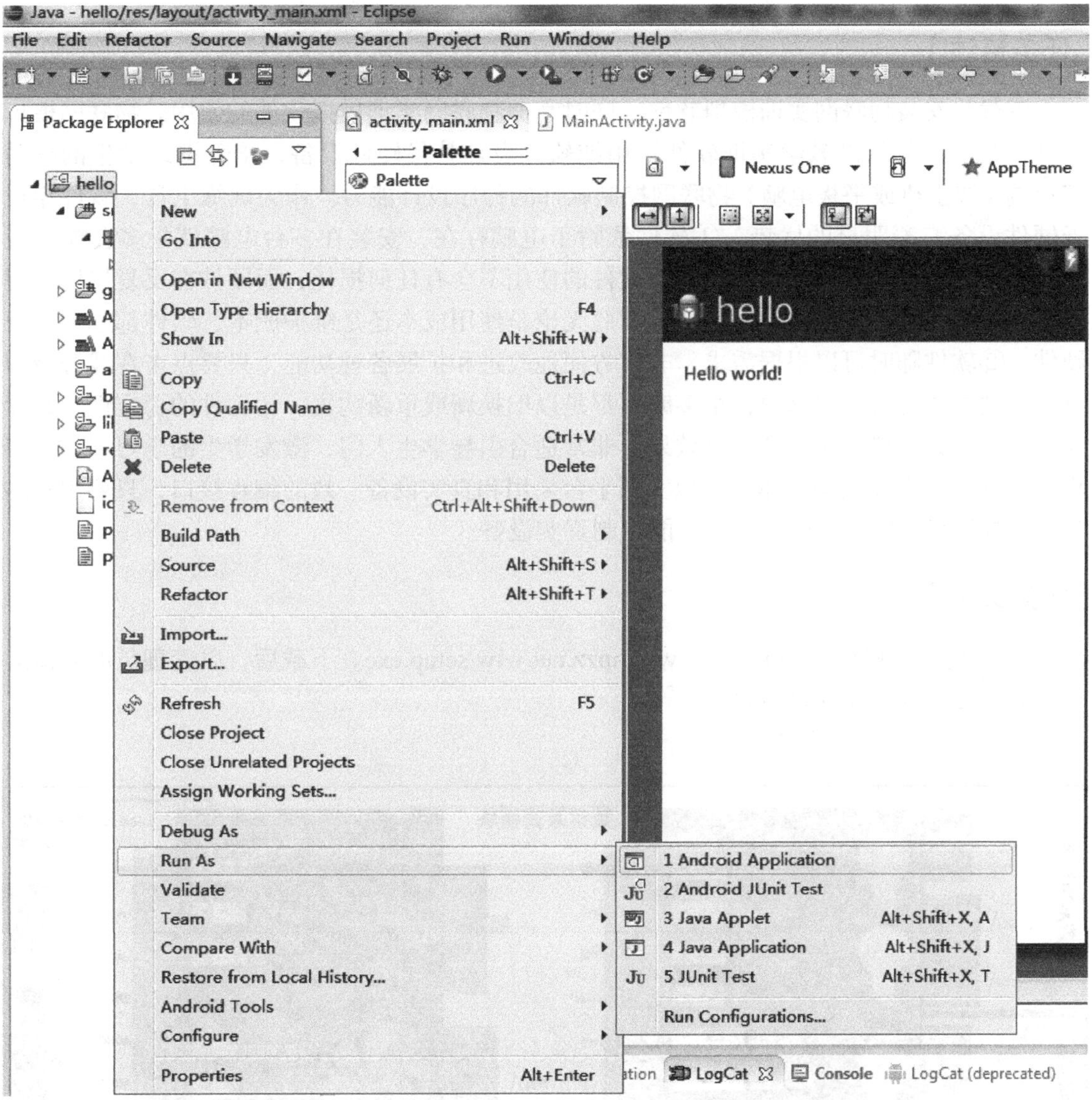

图1-2　运行程序菜单项

配置的操作视频，可扫描如图1-3所示的二维码观看。

图1-3　Eclipse配置视频二维码

任务二 物联网实训模拟软件的安装和使用

【任务描述】

下载并安装物联网实训模拟软件,同时掌握物联网实训模拟软件的使用。物联网模拟软件,是一款物联网教学实训软件,用纯软件设计替代硬件设备,培养训练学生的移动客户端(如手机或平板电脑)物联网控制软件的程序设计能力。作为训练工具,软件相对于硬件设备有着明显的优势。①软件依附于电脑存在,安装在多台电脑就是多套模拟设备,而硬件想要多套必须花钱购买。软件的使用不会有任何损耗,而硬件在反复使用过程中,不断开关和拔插是会有损耗的,因此无论是使用成本还是维护成本,软件都远远低于硬件。②软件随时可以根据需求,非常方便地改进和扩展各种功能,只要点击在线升级即可,而硬件的升级相对麻烦,很多时候都是以旧换新或重新购置。③软件的稳定性、易操作性更是一大优势。它模拟动画效果,非常适合引导学生入门,激发学生的学习兴趣,使程序开发变得更加生动有趣。模拟实训平台采用和真实设备一致的编程接口,只要编写的程序能控制模拟实训平台,同样也能控制真实设备。

【任务实施】

(1)软件下载地址:http://www.gzhpzz.net/wlw/setup.exe。下载后,以管理员的身份运行setup.exe文件,默认安装即可。

(2)软件主界面如图1-4所示。

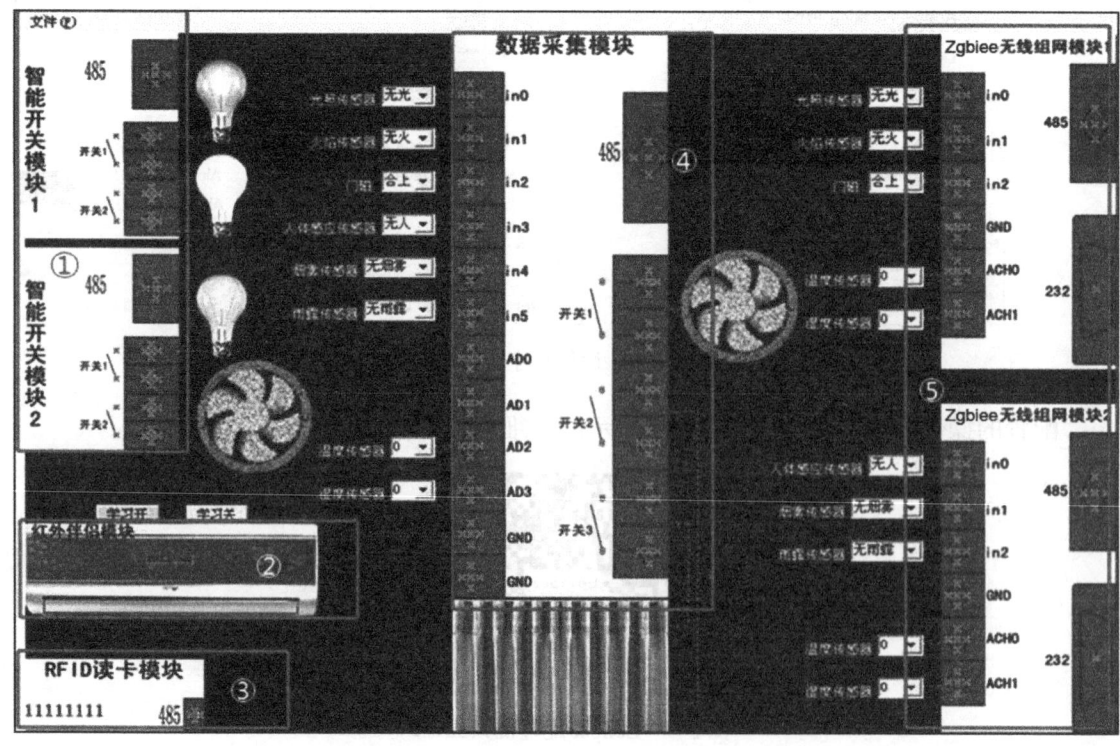

图1-4 软件主界面

①2个智能开关模块分别接了红灯、黄灯、绿灯和风扇。
②红外伴侣模块主要控制空调。
③RFID读卡模块主要功能是通过识别设定的RFID卡，控制设备的运转。
④数据采集模块中的in0～in5接有6种状态传感器，AD2和AD3上分别接了温度和湿度两个数值传感器，开关1接风扇，开关2、3都是接窗帘，分别控制窗帘的合上和拉开。
⑤2个Zgbiee模块中的in0～in2接有3种状态传感器，ACH0和ACH1上分别接了温度和湿度两个数值传感器。

（3）软件说明：

①软件的连接。软件的连接端口为10000，ip地址为运行该软件电脑的ip地址。下载并安装TCP/UDP工具：http://www.gzhpzz.net/wlw/TCP_UDP.exe。通过新建TCP客户端测试与模拟软件的连接，以及命令的调试。

②智能开关模块如图1-5所示。

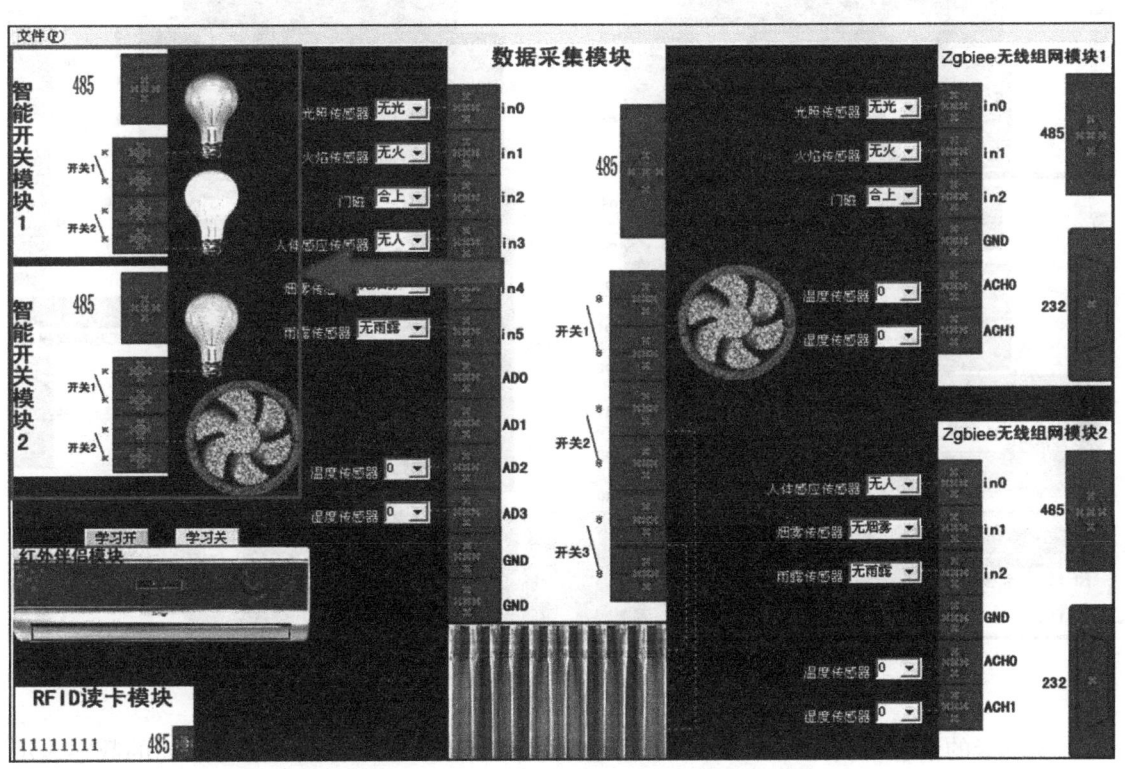

图1-5　智能开关模块

智能开关模块1的地址为二进制字符01，接紫灯、黄灯。智能开关模块2的地址为二进制字符10，接绿灯、风扇。将鼠标放置在模块图片上将会有详细的信息提示。以编程控制智能开关模块1的紫灯和黄灯为例：

开灯1（黄灯），发送命令：01S01

关灯1（黄灯），发送命令：01C01

开灯2（紫灯），发送命令：01S10

关灯2（紫灯），发送命令：01C10

以上字符命令由5个字符组成，从左到右，第1、2个字符是二进制字符表示的模块地址；第3个字符如果是S表示开设备，如果是C表示关设备；第4、5个字符是要控制的设备编号，二进制字符01代表第1个设备，二进制字符10代表第2个设备。

获取智能开关模块1所接设备状态，发送命令：01GIO；获取智能开关模块2所接设备状态，发送命令：10GIO。以上字符命令由5个字符组成，从左到右，第1、2个字符是智能开关模块地址，后面的字符GIO为固定格式。返回信息如：01IO=01，01表示模块地址，IO=是固定格式，最后面的两个字符01表示智能模块所接设备的状态，其中0表示断开（关闭），1表示接通（打开）。

③RFID读卡模块如图1-6所示。

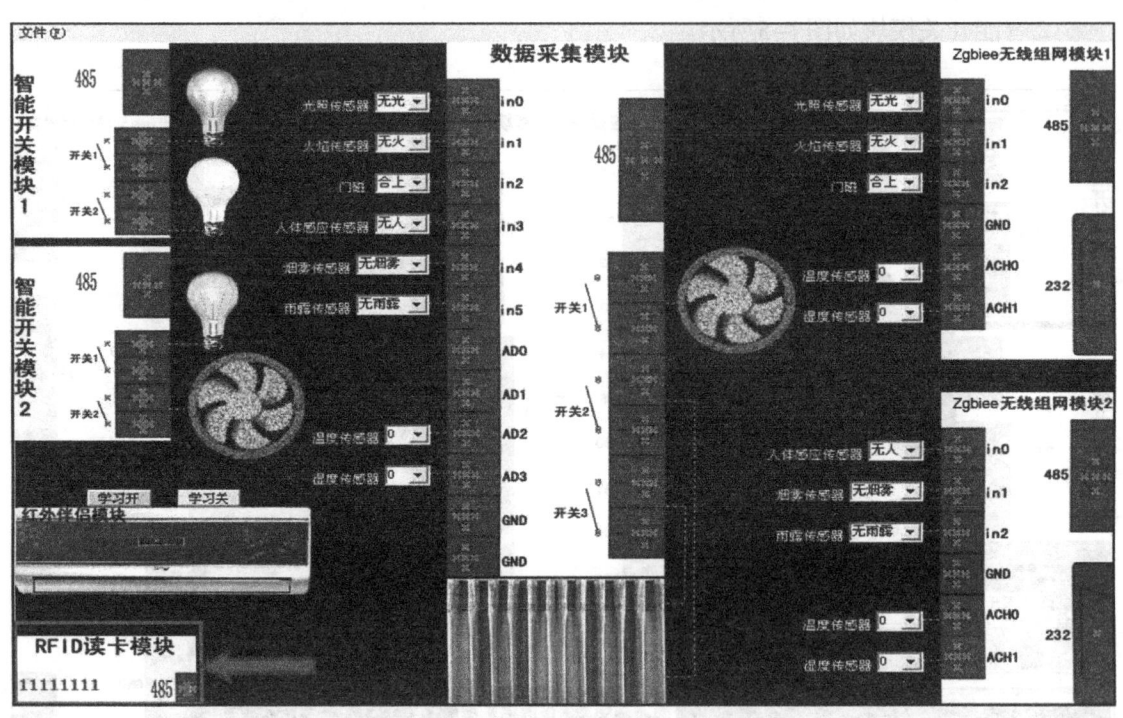

图1-6 RFID读卡模块

读取卡的信息，发送命令：00ID?；返回如：ID=38047003，"="号后面的数字表示卡的信息。

清除卡信息，发送命令：CLEAR；返回如：ID=00000000，将卡的信息重置为0的空状态。

④红外伴侣模块如图1-7所示。

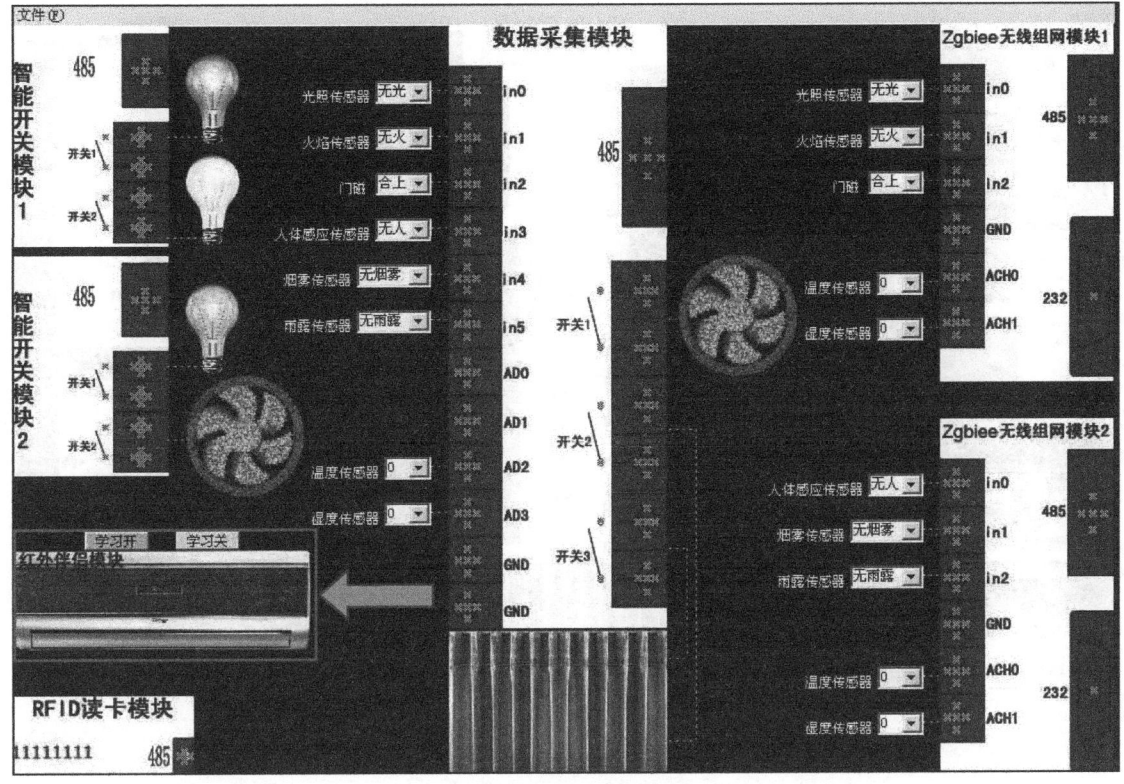

图1-7　红外伴侣模块

红外伴侣模块的作用是获取空调遥控器的频率然后变成编码，用于控制空调。将鼠标放置在模块图片上将会有详细的信息提示。当按下"学习开"按钮，按钮变成红色，表示模块处于学习开的状态。发送 STUDY01（01为编码，可以换成其他，如03、04等，不要与关空调的编码重复即可），按钮又变回灰色，说明学习到了开空调，编码为01。发送命令 SENDD01 即可打开空调。

当按下"学习关"按钮，按钮变成红色，表示模块处于学习关的状态。发送 STUDY02（02为编码，可以换成其他，如03、04等，不要与开空调的编码重复即可），按钮又变回灰色，说明学习到了关空调，编码为02。发送命令 SENDD02 即可关闭空调。

⑤数据采集模块如图1-8所示。

数据采集模块上接有6个状态传感器，分别是：光照传感器、火焰传感器、门磁、体感应传感器、烟雾传感器、雨露传感器；2个数值传感器，分别是：温度传感器、湿度传感器；还接有两个设备：开关1接风扇，开关2、3接窗帘。数据采集模块的地址为二进制字符0F。将鼠标放置在模块图片上将会有详细的信息提示。

开窗帘，发送命令：0FS010

关窗帘，发送命令：0FC001

开风扇，发送命令：0FS100

关风扇，发送命令：0FC100

获取in0～in5接口所接状态传感器的信息，发送命令：0FGIO。返回字符串如：

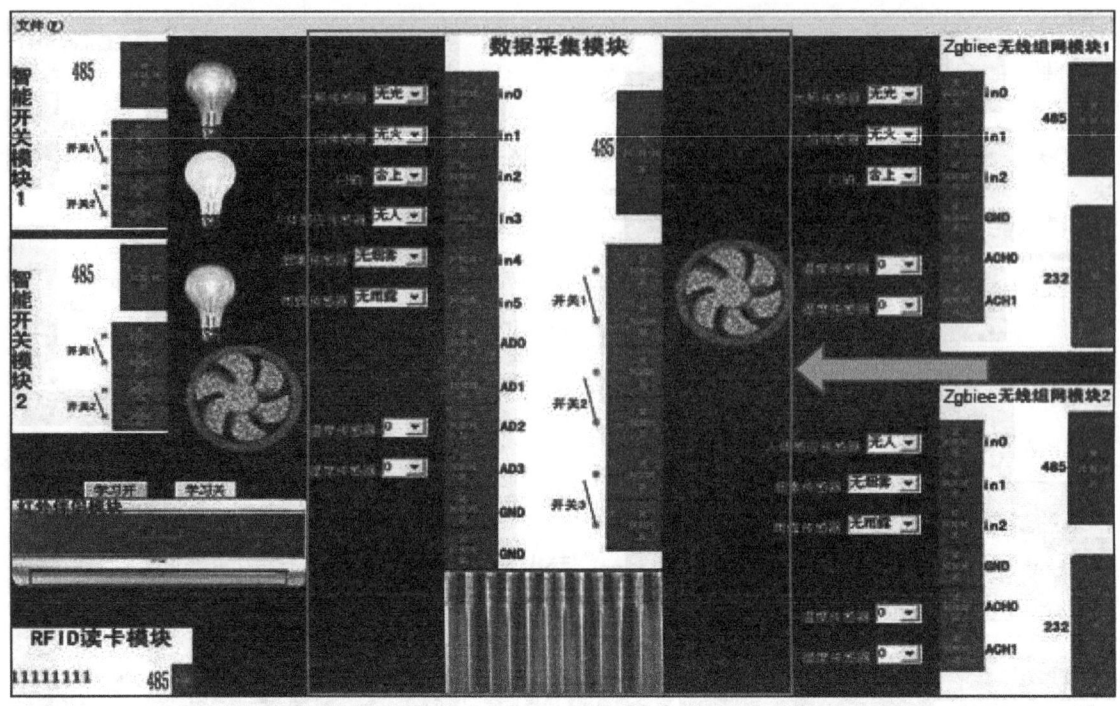

图1-8 数据采集模块

0FIO=011111。"="号后面的二进制字符为传感器的状态。

第1位in0：光照传感器：有光为0，无光为1。

第2位in1：火焰传感器：有火为1，无火为0。

第3位in2：门磁：分开为1，合上为0。

第4位in3：人体感应传感器（热释电）：有人为1，无人为0。

第5位in4：烟雾传感器：有烟雾为1，无烟雾为0。

第6位in5：雨露传感器：有雨露为1，无雨露为0。

获取采集AD0~AD3的数据，发送命令：0FGAD。返回字符串如：0FAD=d0cf596d（AD0=d0,AD1=cf,AD2=59,AD3=6d）。

假设AD2接温度传感器，AD3接湿度传感器。

温度的转换公式：(U/51-0.8)/0.044（U为对应的AD2的十六进制数转换成十进制数）。

湿度的转换公式：(U*100)/153（U为对应的AD3的十六进制数转换成十进制数）。

⑥Zgbiee无线组网模块如图1-9所示。

有2个Zgbiee模块，地址分别是0x3001、0x3002，分别接有3个状态传感器、温度传感器和湿度传感器。将鼠标放置在模块图片上将会有详细的信息提示。下面以地址为0x3001的Zgbiee模块为例：获取in0~in2接口所接状态传感器的信息，发送byte数组命令：{0xDE,0xDF,0xEF,0xD5,0x30,0x01,0x00}，返回信息如{0xDE,0xDF,0xEF,0xD5,0x30,0x01,0xFC}，最后一个字节0xFC中的8位为：(1,1,1(in0),1(in1),1(in2),1,0,0)。

获取ACH0所接温度传感器的数值，发送byte数组命令：{0xDE,0xDF,0xEF,0xD7,0x30,0x01,0x00}，返回信息如{0xDE,0xDF,0xEF,0xD7,0x30,0x01,0x00,0x86}，最后一个字节0x86就

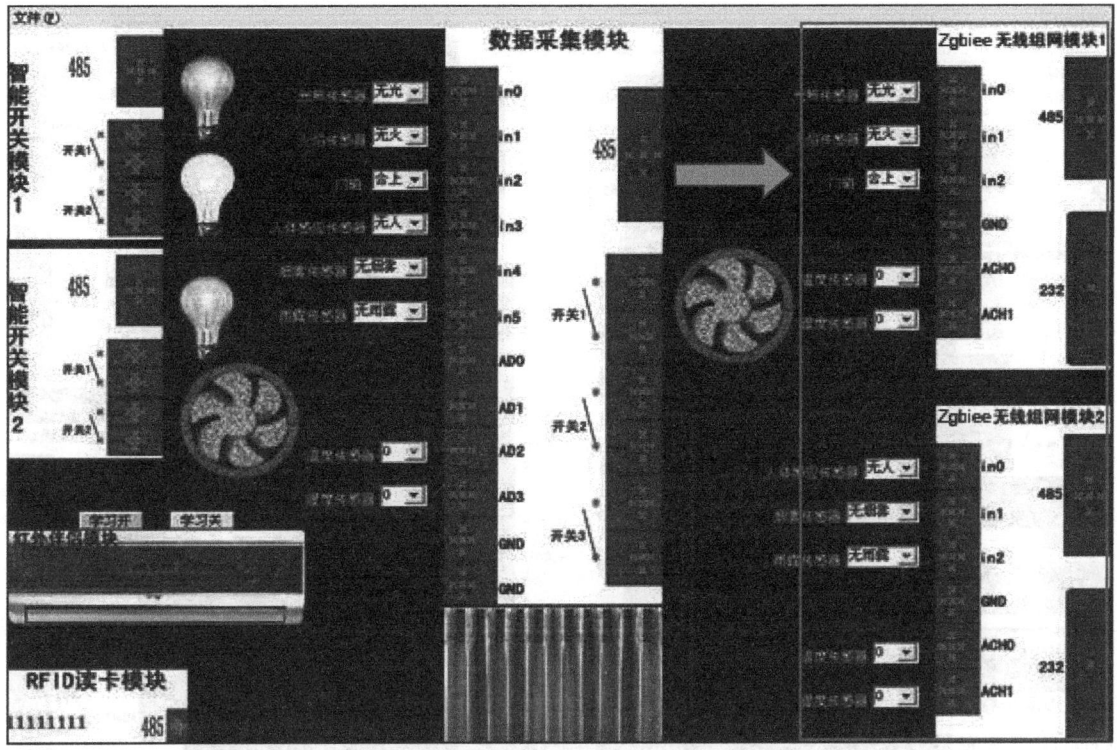

图1-9　Zgbiee无线组网模块

是ACH0的十六进制数据,转换成十进制的浮点型U,进行计算。公式如下：温度转换：(U/85−0.8)/0.044；湿度转换：(U*20)/51。

获取ACH1所接湿度传感器的数值,发送byte数组命令：{0xDE,0xDF,0xEF,0xD7,0x30,0x01,0x01},返回信息如{0xDE,0xDF,0xEF,0xD7,0x30,0x01,0x01,0xa6},最后一个字节0xa6就是ACH1的十六进制数据,转换成十进制的浮点型U,计算公式如下：

温度转换：(U/85−0.8)/0.044；

湿度转换：(U*20)/51。

⑦飞行模块如图1-10所示。

图1-10　飞行模块

点击主界面文件菜单中的"遥控模块",进入飞行模块,界面如图1-11所示。

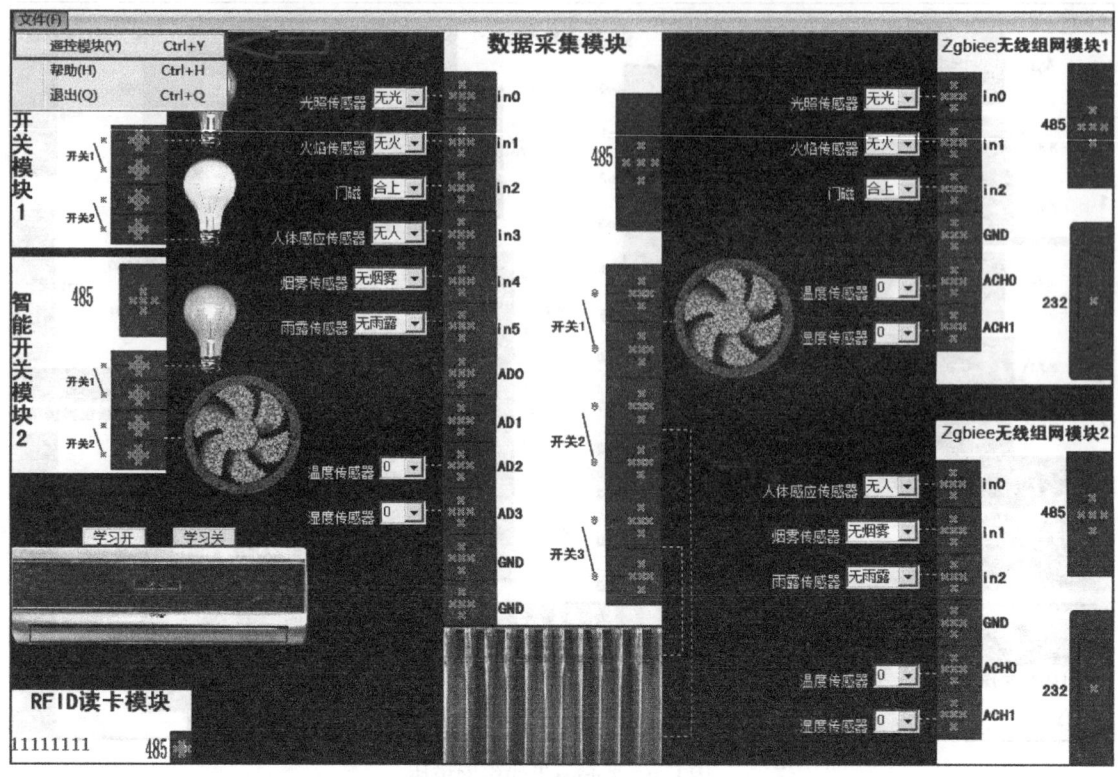

图1-11 进入飞行模块菜单项

键盘W、S、A、D键分别控制飞机的上、下、左、右移动。同时该模块支持外部编程控制飞机移动。

发送字符命令yk_w：飞机向上移动。

发送字符命令yk_s：飞机向下移动。

发送字符命令yk_a：飞机向左移动。

发送字符命令yk_d：飞机向右移动。

发送字符命令yk_aw：飞机向左上移动。

发送字符命令yk_as：飞机向左下移动。

发送字符命令yk_dw：飞机向右上移动。

发送字符命令yk_ds：飞机向右下移动。

发送字符命令ykstop：飞机停止移动。

发送字符命令ykpos：返回飞机目前的位置（如：xy=200, 300，表示目前在x=200, y=300的位置）。

物联网实训模拟软件使用介绍的视频，可扫描如图1-12所示的二维码观看。

图1-12 物联网实训模拟软件使用介绍视频二维码

项目一　构建开发环境

【项目评价】

任务	要求	权重	评价
配置Eclipse开发安卓软件	在Eclipse中创建一个"Hello world"的安卓测试程序，同时能正常运行和显示"Hello world"	50%	
安装并掌握物联网实训模拟软件的使用	通过TCP/UDP工具发出指令，控制模拟软件紫灯的开和关	50%	

【项目总结】

本项目主要讲解了配置Eclipse的安卓开发环境所需的软件包，以及如何通过这些软件包来配置Eclipse的安卓开发环境；讲解了物联网实训模拟软件和TCP/UDP工具的安装和使用，以及如何通过TCP/UDP工具来测试物联网实训模拟软件。本项目的学习为后续项目的开发打下良好的基础。

【思考和练习】

（1）上网搜索常用的安卓开发工具有哪些，并了解各自的特点。

（2）尝试上网搜索、下载并安装Android Studio开发工具，同时创建并运行一个显示"Hello world"的测试程序。

（3）将安卓测试程序"Hello world"运行后的显示信息改为"Hello China"。

（4）用TCP/UDP工具发送指令控制物联网实训模拟软件上黄灯、红灯和风扇的开关。

项目二 智能开关模块之灯光控制

【项目概述】

物联网实训模拟软件上有2个智能开关模块，不同的智能开关模块有不同的地址。第1个智能开关模块接有紫灯和黄灯，第2个智能开关模块接有绿灯和风扇。通过安卓编程控制两个智能开关模块所接设备的开和关，同时通过组合开和关的功能实现灯光闪烁效果。

【学习目标】

（1）熟悉Eclipse安卓程序项目的架构。
（2）掌握主界面和灯光控制界面的设计方法，以及实现界面之间跳转的编程方法。
（3）熟悉项目配置文件AndroidManifest.xml的作用和架构，掌握其使用和配置方法。
（4）掌握程序图标、标签、名称、启动界面的设置，多界面的注册方法。
（5）掌握创建类的方法。熟悉网络通信类mysocket和全局变量类glob_data的作用、架构、属性和方法，并掌握其使用技巧。
（6）熟悉Runnable对象和Handler对象的常用属性和方法，掌握两者组合使用实现定时运行机制的编程方法。掌握Handler对象消息处理机制的编程方法。掌握线程Thread的使用要点和编程方法。
（7）掌握控制智能开关模块上所接设备开和关的编程方法，以及组合开关功能实现灯光闪烁效果的编程方法。

任务一　界面设计

【任务描述】

（1）设计主界面，效果如图2-1所示。
（2）设计灯光控制界面，效果如图2-2所示。

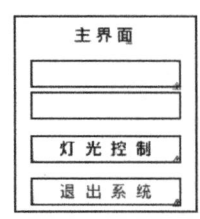

图2-1　项目二主界面

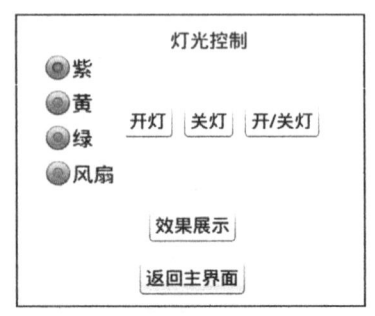

图2-2　灯光控制界面

【任务实施】

（1）File菜单→New→Android Application Project。在Application Name项目名称中输入znjj1（可以改为其他名称），其他默认，按Next直到完成，如图2-3所示。

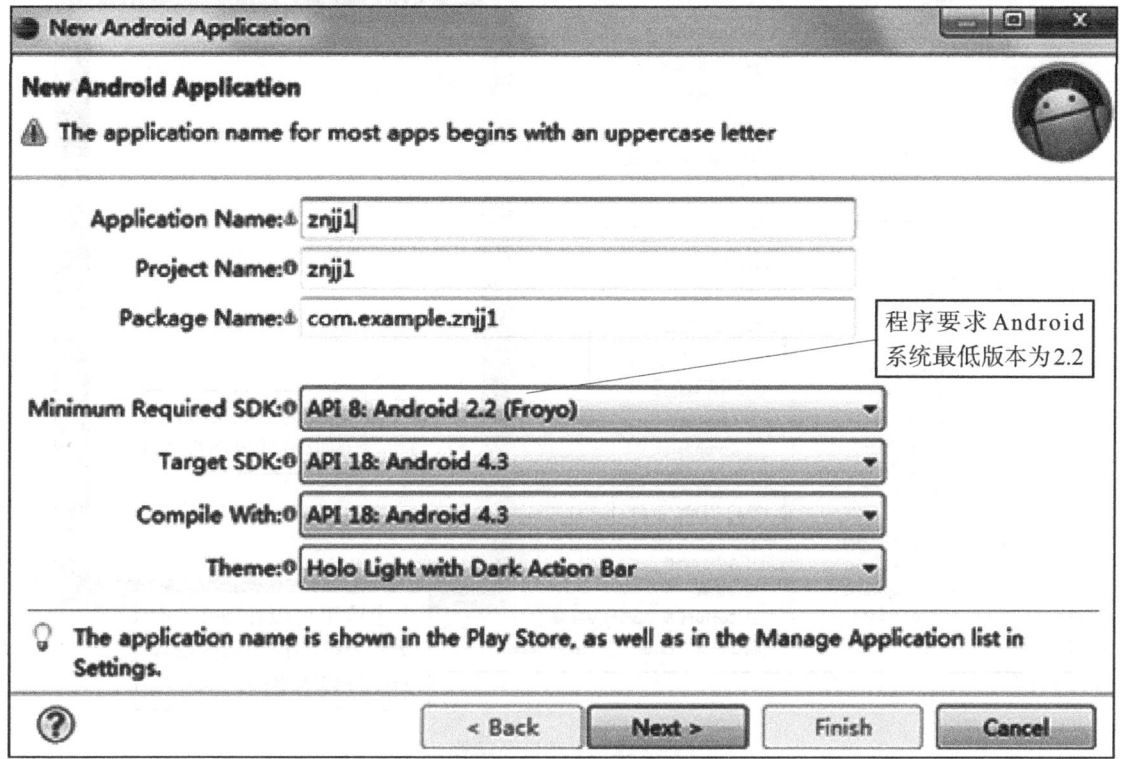

图2-3　新建Android Application

（2）znjj1项目目录结构，如图2-4所示。

layout目录存放的是xml界面文件，右边的是xml界面文件的图形设计界面视图，点击图2-4中的Graphical Layout和activity_main.xml可以在xml界面文件的代码视图和图形界面设计视图之间切换。当前只有一个界面文件activity_main.xml，即主界面文件。

values目录中的strings.xml文件是字符串变量文件，存储程序标题的变量app_name就在这里设置。在AndroidManifest.xml项目设置文件的android:label属性中引用变量app_name，即可显示程序标题。

双击strings.xml文件，点选app_name(String)，将当前的程序标题"znjj1"改为"物联网客户端"，标题可以自定义，如图2-5所示。

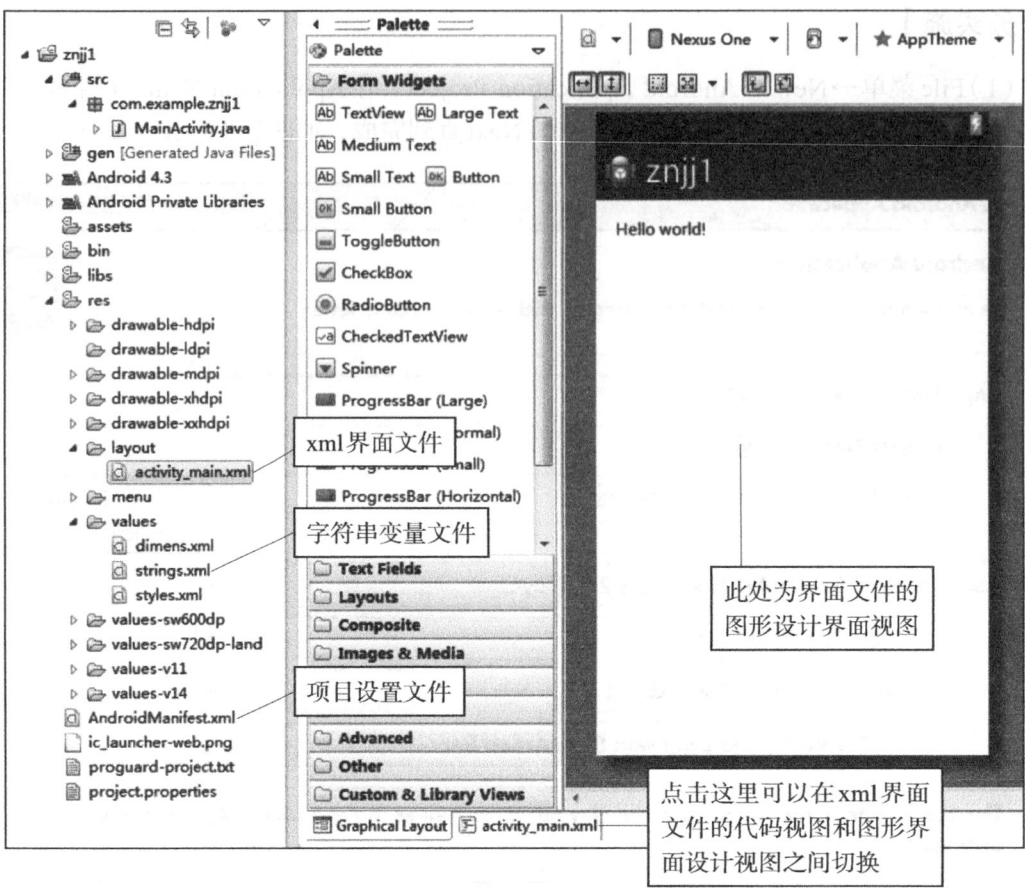

图2-4 项目目录结构

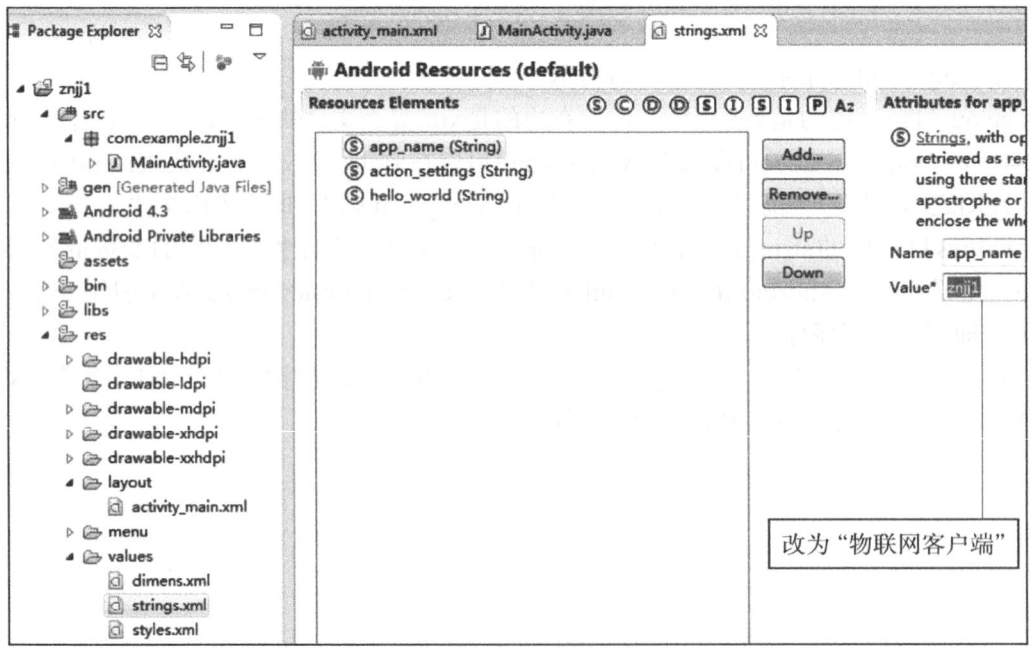

图2-5 字符串变量文件

项目二　智能开关模块之灯光控制

（3）双击AndroidManifest.xml项目设置文件，点选底部的AndroidManifest.xml视图，显示源代码：android:icon属性设置程序图标，图标存放在res→drawable目录中；android:label属性引用变量app_name显示程序标题，如图2-6所示。

图2-6　项目配置文件

（4）双击主界面文件activity_main.xml，进入图形设计界面视图。按住鼠标左键拖动Hello world到水平居中且置顶，即显示属性alignParentTop:true、centerHorizontal:true，如图2-7所示。

图2-7　主界面图形设计界面视图

（5）双击图2-7中的Hello world，进入代码视图，如图2-8所示。

```
MainActivity.java    *activity_main.xml
<RelativeLayout xmlns:android="http://schemas.android.com/apk/res/android"
    xmlns:tools="http://schemas.android.com/tools"
    android:layout_width="match_parent"
    android:layout_height="match_parent"
    android:paddingBottom="@dimen/activity_vertical_margin"
    android:paddingLeft="@dimen/activity_horizontal_margin"
    android:paddingRight="@dimen/activity_horizontal_margin"
    android:paddingTop="@dimen/activity_vertical_margin"
    tools:context=".MainActivity" >

    <TextView
        android:layout_width="wrap_content"
        android:layout_height="wrap_content"
        android:layout_alignParentTop="true"
        android:layout_centerHorizontal="true"
        android:text="@string/hello_world" />

</RelativeLayout>
```


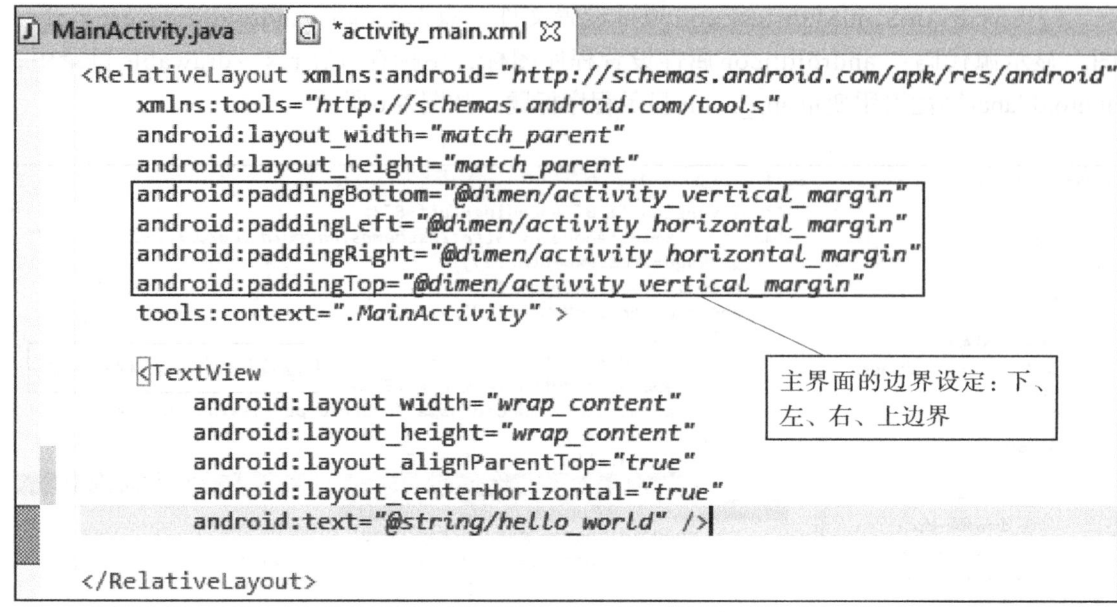

图2-8　主界面页边距设置代码视图

（6）修改TextView的android:text="主界面"，同时添加设置字体大小的属性android:textSize="35dp"，如图2-9所示。然后切换到图形界面设计视图，效果如图2-10所示。

```
MainActivity.java    *activity_main.xml
<RelativeLayout xmlns:android="http://schemas.android.com/apk/res/android"
    xmlns:tools="http://schemas.android.com/tools"
    android:layout_width="match_parent"
    android:layout_height="match_parent"
    android:paddingBottom="@dimen/activity_vertical_margin"
    android:paddingLeft="@dimen/activity_horizontal_margin"
    android:paddingRight="@dimen/activity_horizontal_margin"
    android:paddingTop="@dimen/activity_vertical_margin"
    tools:context=".MainActivity" >

    <TextView
        android:layout_width="wrap_content"
        android:layout_height="wrap_content"
        android:layout_alignParentTop="true"
        android:layout_centerHorizontal="true"
        android:textSize="35dp"
        android:text="主界面"
         />

</RelativeLayout>
```

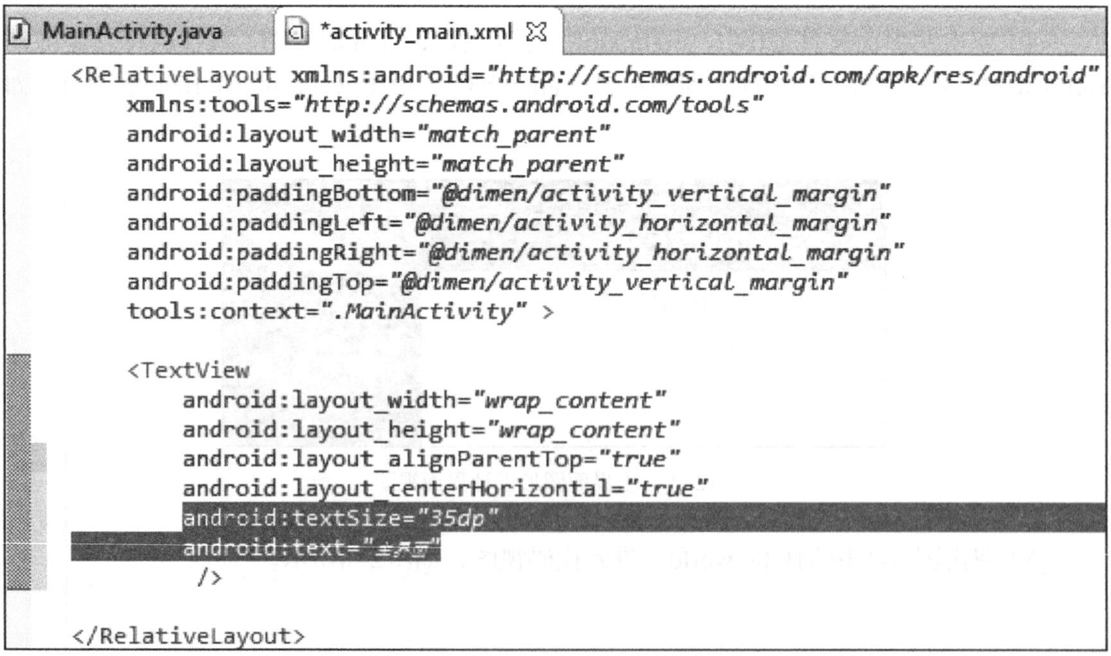

图2-9　主界面文本设置代码视图

图2-10　图形设计面板

（7）点击图2-10左上方的 ， 选择5.1寸屏以上的设计面板大小，增大设计面板更加方便界面的设计。

点击图2-10右上方的 ， 选择API8：Android 2.2，运行程序时可以让模拟软件更快启动，低版本加载的东西更少，启动就更快。

点击图2-10右上方的 ， 可以放大或缩小图形设计视图。

放大后的效果如图2-11所示。

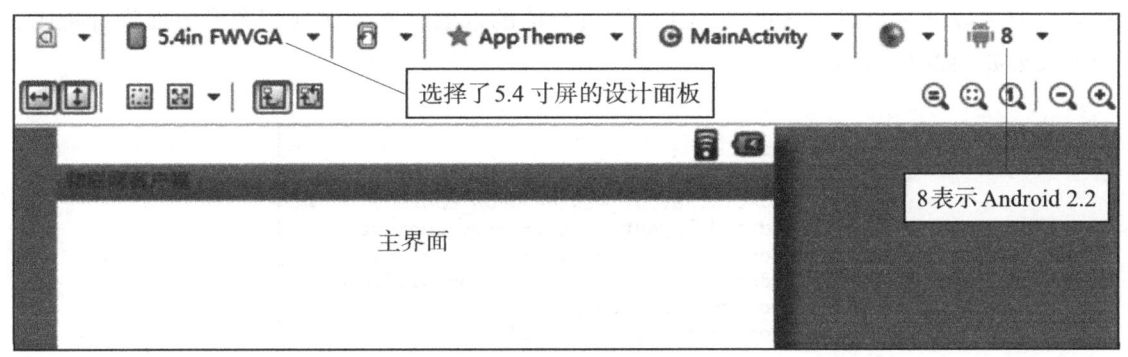

图2-11　选择5.4寸屏的图形设计面板

（8）在"主界面"文本下方添加一个滚动视图组件ScrollView，让超出屏幕的部分可以通过滚动显示。用鼠标拖动ScrollView组件如图2-12所示，直至属性显示为 `centerHorizontal=true below=textView1`，即水平居中且放置在textView1（主界面文本的id为textView1）下面。

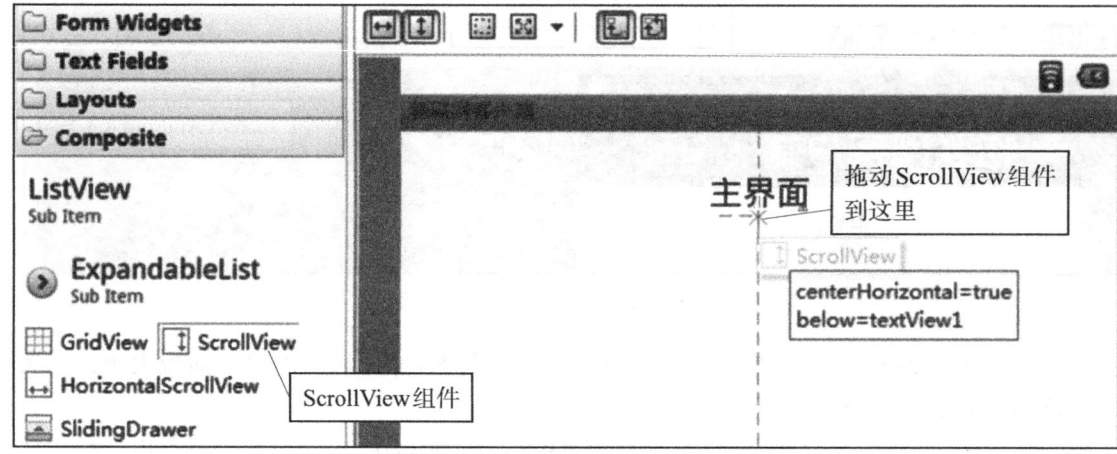

图 2-12　在主界面中添加滚动视图组件 ScrollView

切换到代码视图，设置 ScrollView 为全屏显示，即设置 layout_width、layout_height 属性为 fill_parent 或 match_parent 值（默认值是 wrap_content 自适应大小），如图 2-13 所示。设置属性时可以通过键盘组合键 "ALT+?" 进行值的选取。然后切换到图形界面设计视图，全屏效果如图 2-14 所示。

图 2-13　ScrollView 组件全屏设置代码视图

图2-14　ScrollView全屏效果

（9）在ScrollView中添加1个文本输入框EditText，如图2-15所示；接着添加1个数字输入框，如图2-16所示；最后添加2个按钮Button，如图2-17、图2-18所示。

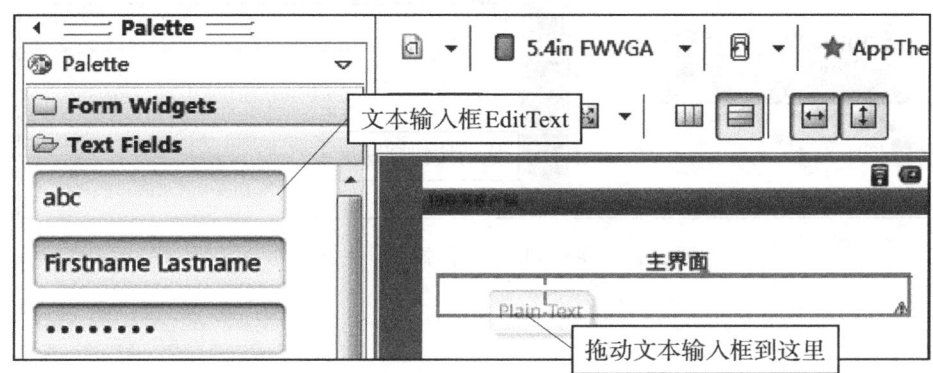

图2-15　在ScrollView中添加文本输入框

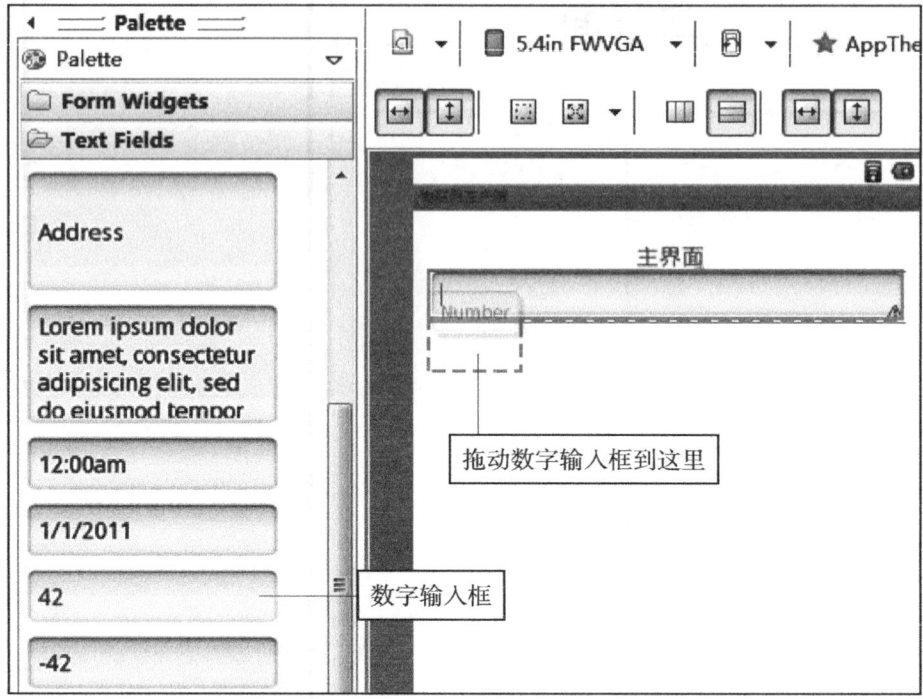

图2-16　在ScrollView中添加数字输入框

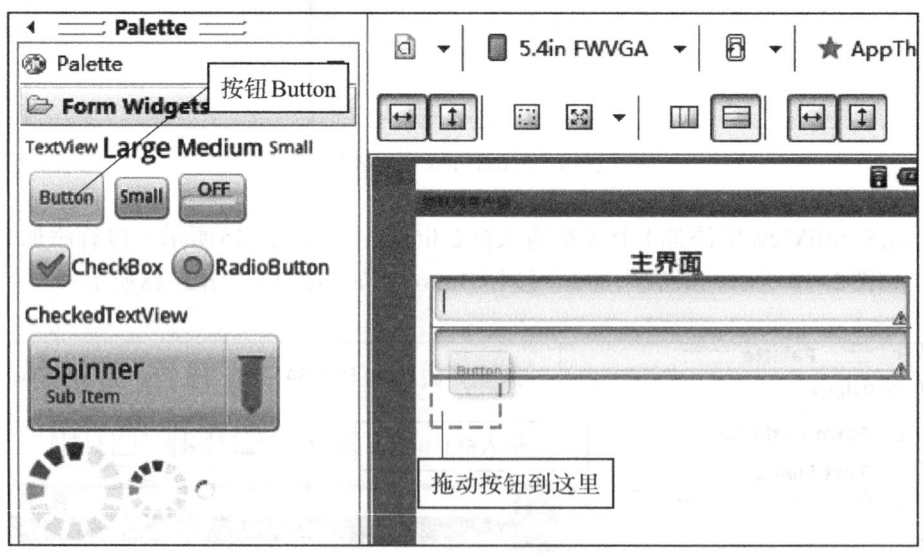

图2-17　在ScrollView中添加第一个按钮

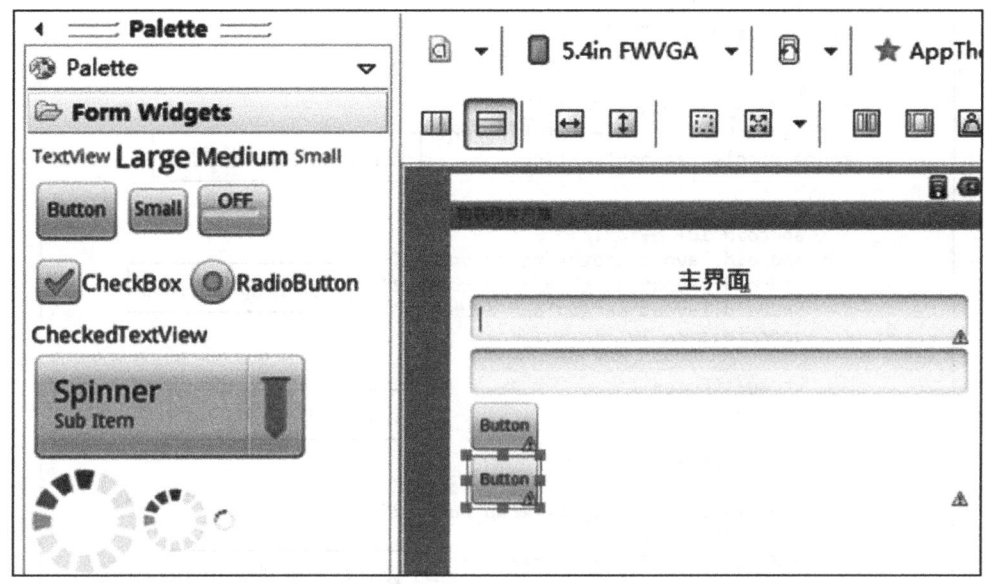

图2-18　在ScrollView中添加第二个按钮

（10）切换到代码视图，如图2-19所示。

①文本输入框用于输入ip地址，设置顶部边距10dp，id为ip。

②数值输入框用于输入端口，设置id为port。

③第1个按钮是灯光控制，设置按钮宽度为全屏，顶部边距为20dp，字体大小为25dp，id为dgkz。

④第2个按钮是退出系统，设置按钮宽度为全屏，顶部边距为20dp，字体为红色，大小为25dp，id为tc。

以上设置完成后，主界面设计完成。切换到图形界面设计视图，主界面效果如图2-1所示（此图位于任务一的任务描述中）。

> **小贴士**
>
> 在Android程序开发中，多用dp作为度量单位。在代码视图中给组件添加属性时，不一定要输入属性的全称，输入"android:"将会弹出属性列表，选择即可。给组件设置的id必须是唯一的，编程时就能够通过id准确地引用组件。

```
<ScrollView
    android:id="@+id/scrollView1"
    android:layout_width="fill_parent"
    android:layout_height="fill_parent"
    android:layout_below="@+id/textView1"
    android:layout_centerHorizontal="true" >
    <LinearLayout
        android:layout_width="match_parent"
        android:layout_height="match_parent"
        android:orientation="vertical" >   ← 设置ip地址输入框的id

        <EditText
            android:id="@+id/ip"
            android:layout_width="match_parent"
            android:layout_height="wrap_content"   ← 设置顶部边距10dp
            android:layout_marginTop="10dp"
            android:ems="10" >

            <requestFocus />
        </EditText>
        <EditText                              ← 设置端口输入框的id
            android:id="@+id/port"
            android:layout_width="match_parent"
            android:layout_height="wrap_content"
            android:ems="10"
            android:inputType="number" />
        <Button                                ← 设置灯光控制按钮的id
            android:id="@+id/dgkz"
            android:layout_width="match_parent"
            android:layout_height="wrap_content"
            android:layout_marginTop="20dp"    ← 设置顶部边距20dp
            android:textSize="25dp"
            android:text="灯光控制" />
        <Button                                ← 设置退出系统按钮的id
            android:id="@+id/tc"
            android:layout_width="match_parent" ← 设置宽度为全屏
            android:layout_height="wrap_content"
            android:layout_marginTop="20dp"    ← 设置高度自适应
            android:textColor="#ff0000"
            android:textSize="25dp"            ← 设置字体大
            android:text="退出系统" />           小为25dp
    </LinearLayout>
</ScrollView>
```

左侧标注：设置按钮标题为：灯光控制；设置字体颜色为红色

图 2-19　项目二的主界面代码视图

（11）通过复制主界面文件产生灯光控制界面文件。选中activity_main.xml文件，通过键盘组合键"Ctrl+C"，进行复制文件操作，然后通过组合键"Ctrl+V"进行粘贴，弹出框提示：输入文件名，如图2-20所示。输入dgkz.xml，点击OK，产生dgkz.xml文件，即灯光控制界面文件，如图2-21所示。

小贴士

其他界面文件都可以通过复制、粘贴现有的文件生成，然后再修改。

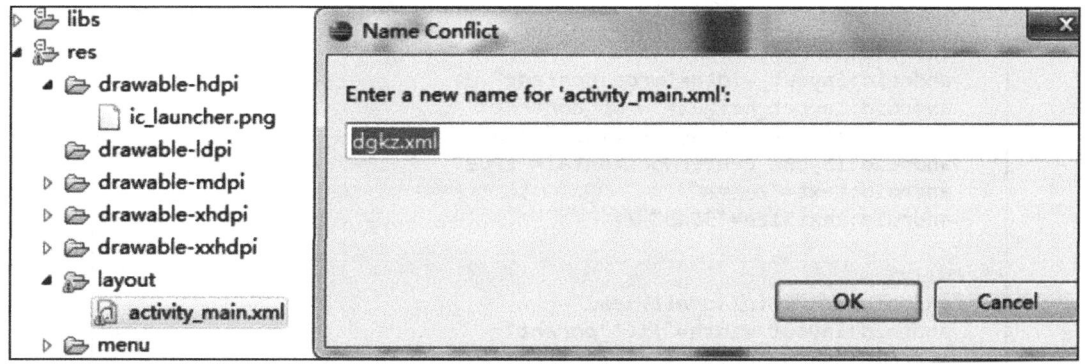

图2-20 生成灯光控制界面文件

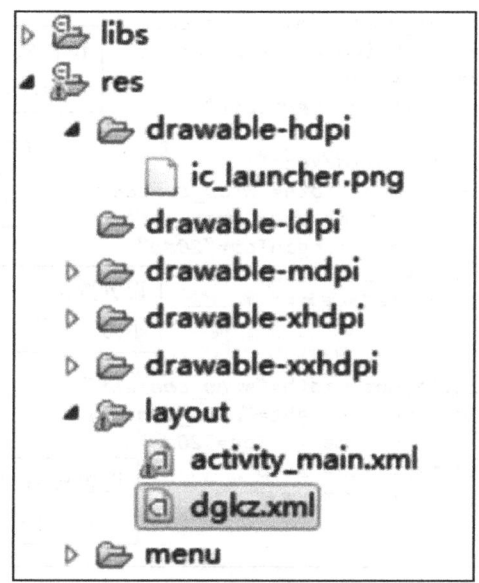

图2-21 灯光控制界面文件所在位置

（12）双击dgkz.xml文件，进入代码视图，根据任务要求修改实现灯光控制界面。

①删除文本输入框和数值输入框。

②设置滚动组件ScrollView内部布局为居中显示。

③修改文本"主界面"为"灯光控制"。

④修改灯光控制按钮的文本显示为"效果展示"，设置按钮宽度为自适应，id为xgzs。

⑤修改退出系统按钮的文本显示为"返回主界面"，设置按钮宽度为自适应，字体颜色恢复默认值，id为fh。

以上设置完成后，代码视图如图2-22所示。切换到图形界面设计视图，效果如图2-23所示。

```xml
<TextView
    android:id="@+id/textView1"
    android:layout_width="wrap_content"
    android:layout_height="wrap_content"
    android:layout_alignParentTop="true"
    android:layout_centerHorizontal="true"
    android:text="灯光照射"
    android:textSize="35dp" />

<ScrollView
    android:id="@+id/scrollView1"
    android:layout_width="fill_parent"
    android:layout_height="fill_parent"
    android:layout_below="@+id/textView1"
    android:layout_centerHorizontal="true" >
    <LinearLayout
        android:layout_width="match_parent"
        android:layout_height="match_parent"
        android:gravity="center"
        android:orientation="vertical" >    ← 设置ScrollView内部布局为居中显示
        <Button
            android:id="@+id/xgzs"          ← 设置按钮id为xgzs
            android:layout_width="wrap_content"   ← 设置按钮宽度为自适应
            android:layout_height="wrap_content"
            android:layout_marginTop="20dp"
            android:textSize="25dp"
            android:text="效果展示" />       ← 设置按钮的文本显示为"效果展示"
        <Button
            android:id="@+id/fh"            ← 设置按钮id为fh
            android:layout_width="wrap_content"
            android:layout_height="wrap_content"
            android:layout_marginTop="20dp"
            android:textSize="25dp"
            android:text="返回主界面" />    ← 设置按钮的文本显示为"返回主界面"
    </LinearLayout>
</ScrollView>
```

图 2-22　灯光控制界面代码视图

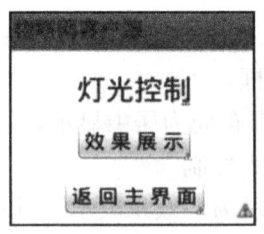

图 2-23　灯光控制界面效果

（13）在图 2-23 的基础上添加紫灯、黄灯、绿灯和风扇的控制面板。

① 拖动水平布局组件 LinearLayout(Horizontal)，放置在"效果展示"按钮的上面，如图 2-24 所示。

项目二 智能开关模块之灯光控制

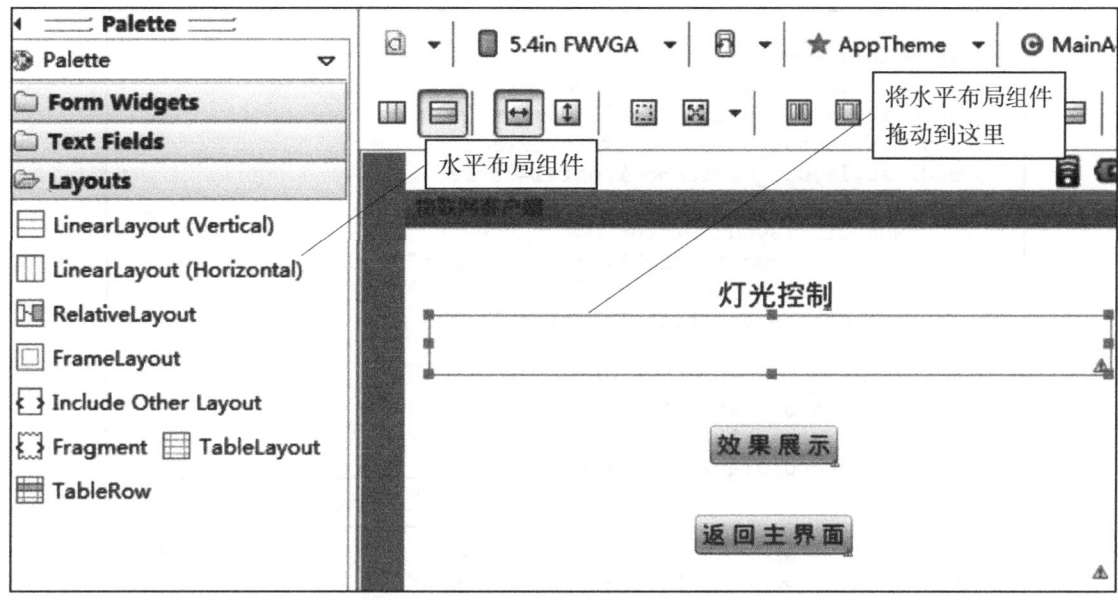

图2-24 在灯光控制界面中添加水平布局组件

②在水平布局组件中添加1个垂直布局组件LinearLayout(Vertical)，如图2-25所示。切换到代码视图，设置水平布局内部为居中显示，垂直布局组件的宽度和高度为50dp（先设置一定的宽度和高度占据一定的空间，方便往里面放置东西），如图2-26所示。

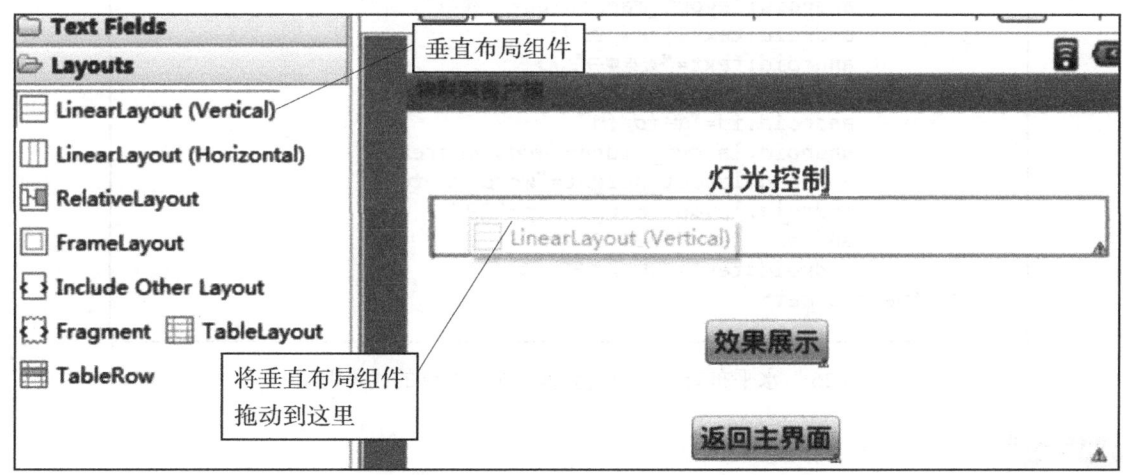

图2-25 在水平布局组件中添加垂直布局组件

```xml
<ScrollView
    android:id="@+id/scrollView1"
    android:layout_width="fill_parent"
    android:layout_height="fill_parent"
    android:layout_below="@+id/textView1"
    android:layout_centerHorizontal="true" >
    <LinearLayout
        android:layout_width="match_parent"
        android:layout_height="match_parent"
        android:gravity="center"
        android:orientation="vertical" >

        <LinearLayout
            android:layout_width="match_parent"
            android:layout_height="wrap_content"
            android:gravity="center"
            >
            <LinearLayout
                android:layout_width="50dp"
                android:layout_height="50dp"
                android:orientation="vertical" >
            </LinearLayout>
        </LinearLayout>

        <Button
            android:id="@+id/xgzs"
            android:layout_width="wrap_content"
            android:layout_height="wrap_content"
            android:layout_marginTop="20dp"
            android:textSize="25dp"
            android:text="效果展示" />
        <Button
            android:id="@+id/fh"
            android:layout_width="wrap_content"
            android:layout_height="wrap_content"
            android:layout_marginTop="20dp"
            android:textSize="25dp"
            android:text="返回主界面" />
    </LinearLayout>
</ScrollView>
```

说明标注：水平布局组件；水平布局内部居中显示；垂直布局组件；垂直布局高度和宽度设置为50dp

图2-26　水平布局组件中嵌套垂直布局组件的代码视图

小贴士

水平布局里面的组件水平放置，垂直布局里面的组件垂直放置。水平布局和垂直布局的代码都是以<LinearLayout>开头，以</LinearLayout>结尾。当有android:orientation="vertical"这个属性时，表示垂直布局；没有时，表示水平布局。

③将图2–26的代码视图切换到图形界面设计视图，如图2–27所示。

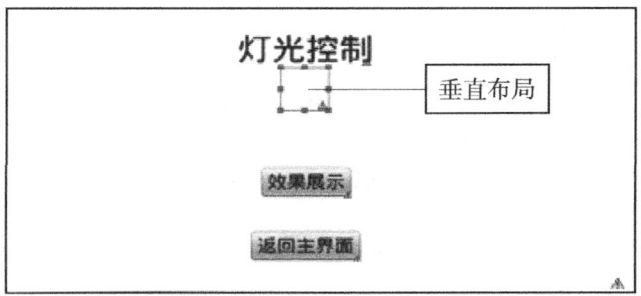

图2–27　水平布局组件中嵌套垂直布局组件的设计效果

④在图2–27的基础上，在垂直布局右边添加3个按钮。切换到代码视图，设置3个按钮的属性：开灯按钮设置id为kd；关灯按钮设置id为gd；开/关灯按钮设置id为kgd；3个按钮的左边距都为10dp，如图2–28所示。切换到图形界面设计视图，如图2–29所示。

```
<LinearLayout
    android:layout_width="match_parent"
    android:layout_height="wrap_content"
    android:layout_marginTop="10dp"
    android:gravity="center"
     >
    <LinearLayout
        android:layout_width="50dp"
        android:layout_height="50dp"
        android:orientation="vertical" >
    </LinearLayout>
    <Button
        android:id="@+id/kd"
        android:layout_width="wrap_content"
        android:layout_height="wrap_content"
        android:layout_marginLeft="10dp"
        android:text="开灯" />
    <Button
        android:id="@+id/gd"
        android:layout_width="wrap_content"
        android:layout_height="wrap_content"
        android:layout_marginLeft="10dp"
        android:text="关灯" />
    <Button
        android:id="@+id/kgd"
        android:layout_width="wrap_content"
        android:layout_height="wrap_content"
        android:layout_marginLeft="10dp"
        android:text="开/关灯" />
</LinearLayout>
```

垂直布局组件

水平布局组件

3个按钮：开灯、关灯、开/关灯，id分别为kd、gd、kgd

3个按钮的左边距都为10dp

图2–28　在垂直布局右边添加三个按钮的代码视图

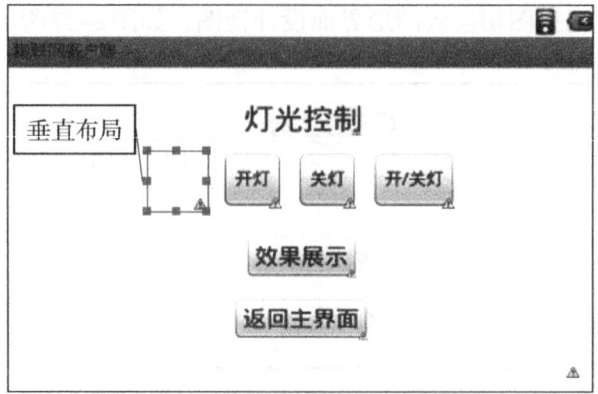

图2-29 在垂直布局右边添加三个按钮的设计效果

⑤在图2-29的基础上,在垂直布局里面添加单选按钮群组件RadioGroup,如图2-30所示。

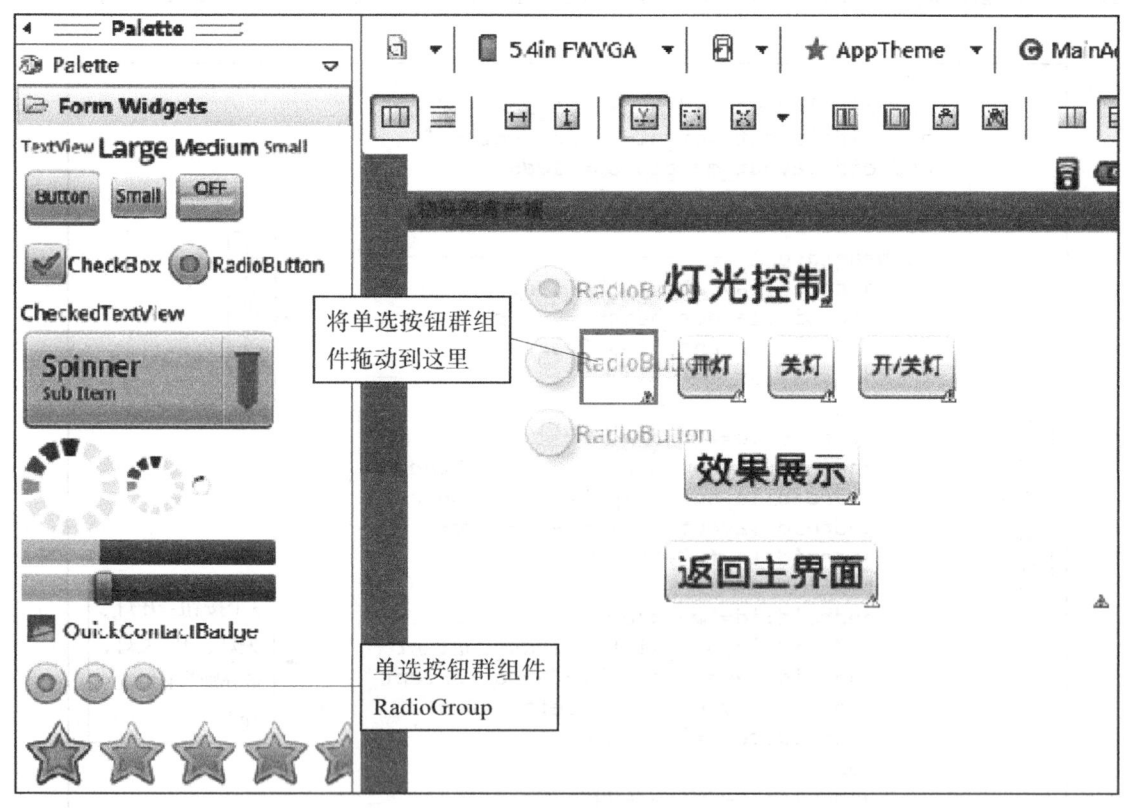

图2-30 在垂直布局里面添加单选按钮群组件

⑥切换到代码视图。设置单选按钮群组件里面有4个按钮,设置文本显示分别为紫灯、黄灯、绿灯和风扇,设置id分别为zd、hd、ld、fs;设置垂直布局的宽度和高度为自适应wrap_content(原来是50dp),如图2-31所示。

```
<LinearLayout
    android:layout_width="match_parent"
    android:layout_height="wrap_content"
    android:layout_marginTop="10dp"
    android:gravity="center" >

    <LinearLayout
        android:layout_width="wrap_content"
        android:layout_height="wrap_content"
        android:orientation="vertical" >

        <RadioGroup
            android:id="@+id/radioGroup1"
            android:layout_width="wrap_content"
            android:layout_height="wrap_content" >

            <RadioButton
                android:id="@+id/zd"
                android:layout_width="wrap_content"
                android:layout_height="wrap_content"
                android:checked="true"
                android:text="紫灯" />

            <RadioButton
                android:id="@+id/hd"
                android:layout_width="wrap_content"
                android:layout_height="wrap_content"
                android:text="黄灯" />

            <RadioButton
                android:id="@+id/ld"
                android:layout_width="wrap_content"
                android:layout_height="wrap_content"
                android:text="绿灯" />

            <RadioButton
                android:id="@+id/fs"
                android:layout_width="wrap_content"
                android:layout_height="wrap_content"
                android:text="风扇" />
        </RadioGroup>
    </LinearLayout>
</LinearLayout>
```

左侧标注：垂直布局组件；单选按钮群组件

右侧标注：默认选中紫灯；单选按钮群包含4个单选按钮：文本显示分别为紫灯、黄灯、绿灯、风扇；id分别为zd、hd、ld、fs

图2-31　单选按钮id设置代码视图

（14）至此，灯光控制界面设计完成。切换到图形界面设计视图，效果如图2-2所示（此图位于本项目任务一的任务描述中）。

主界面设计的教学视频，可扫描如图2-32所示的二维码观看。

灯光控制界面设计的教学视频，可扫描如图2-33所示的二维码观看。

图2-32 主界面设计的教学视频二维码

图2-33 灯光控制界面设计的教学视频二维码

任务二 主界面和"灯光控制"界面之间跳转的编程

【任务描述】

（1）编程实现：点击主界面中的"灯光控制"按钮，进入"灯光控制"界面。

（2）通过编写全局变量类以及相关引用程序，实现让主界面中输入的ip地址和端口保存到全局变量，能被灯光控制界面及其他功能界面使用。

【任务实施】

（1）Android程序的功能界面由1个Java程序文件和1个xml界面文件组成。例如：项目中的主界面由MainActivity.java和activity_main.xml组成，在MainActivity.java程序文件的onCreate事件（界面创建事件）中用setContentView方法加载界面文件activity_main.xml，如图2-34所示。

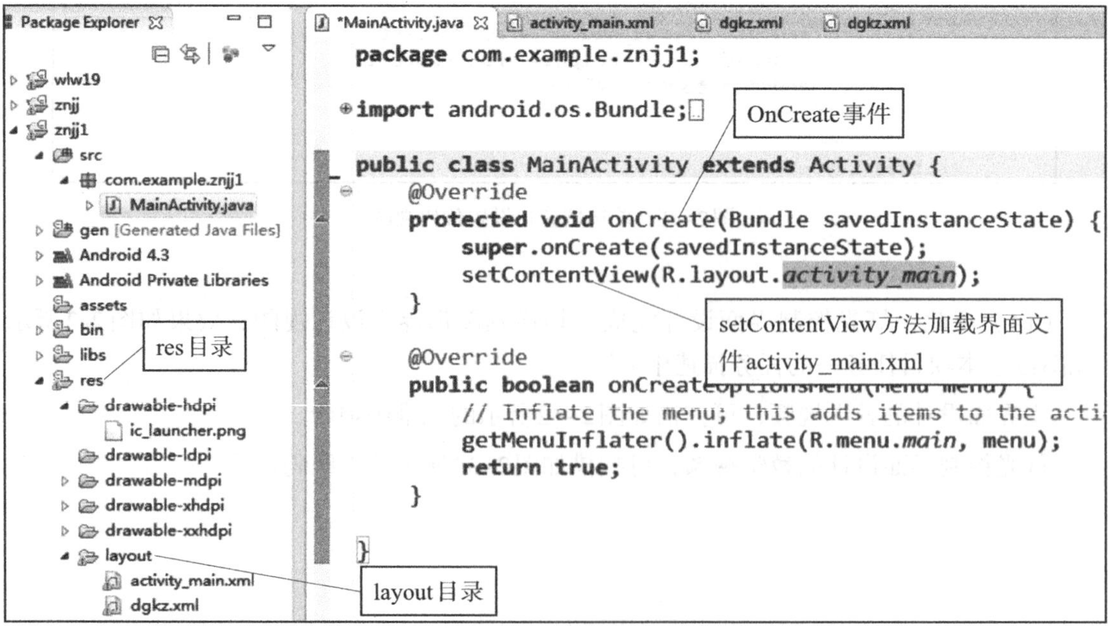

图2-34 setContentView方法加载主界面文件

小贴士

setContentView方法中参数R.layout.activity_main的含义：R代表res目录，layout代表res目录中的layout目录，activity_main代表的是activity_main.xml文件。

（2）创建灯光控制界面dgkz.xml对应的程序文件dgkz.java。通过复制主界面程序文件MainActivity.java生成dgkz.java，然后进行修改。选中MainActivity.java文件，通过键盘组合键"Ctrl+C"进行复制文件操作，然后通过组合键"Ctrl+V"粘贴，弹出框提示：输入文件名，这里不用输入后缀名java，输入dgkz即可，如图2-35所示。点击OK，产生dgkz.java文件，即灯光控制界面的程序文件，如图2-36所示。

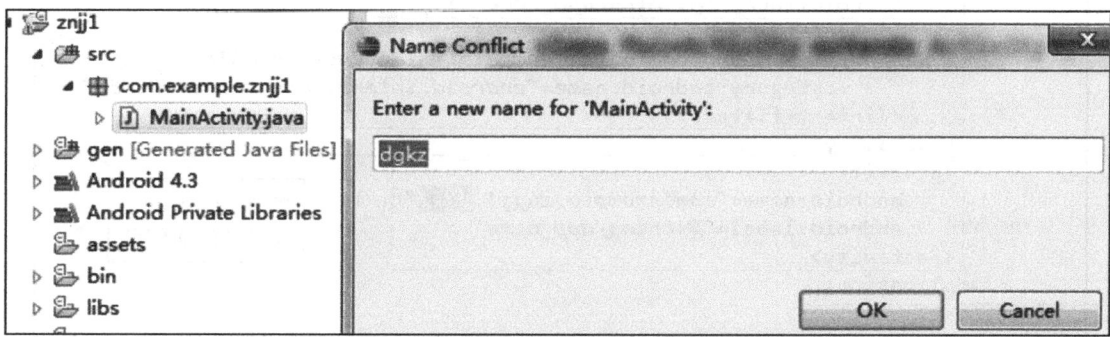

图2-35　生成灯光控制程序文件

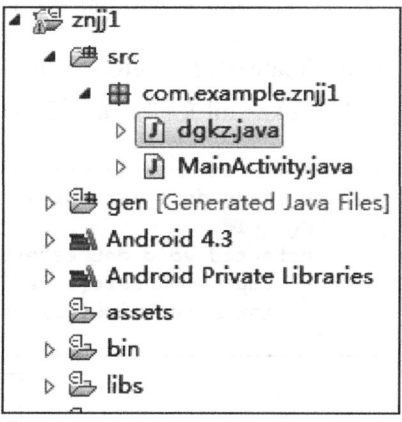

图2-36　灯光控制程序文件所在位置

（3）因为dgkz.java继承的是Activity类，因此必须在项目配置文件中注册。打开项目配置文件AndroidManifest.xml，添加注册信息，如图2-37所示。

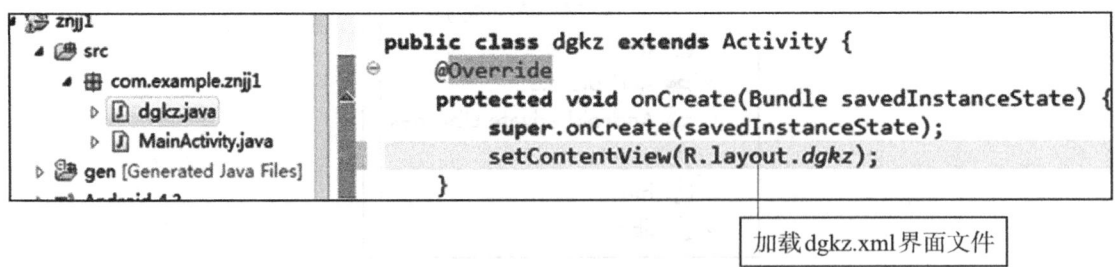

图2-37 在项目配置文件中注册灯光控制程序文件

（4）打开dgkz.java文件。在onCreate中修改setContentView(R.layout.activity_main)为setContentView(R.layout.dgkz)，加载dgkz.xml文件，如图2-38所示。

图2-38 setContentView方法加载灯光控制界面文件

（5）打开主界面程序文件MainActivity.java。在onCreate事件中给"灯光控制"按钮添加点击事件，编写程序，实现点击按钮后跳转到灯光控制界面，如图2-39所示。

项目二　智能开关模块之灯光控制

```
*MainActivity.java 23    activity_main.xml    dgkz.xml    dgkz.java    MainActivity.java
    package com.example.znjj1;

  import android.os.Bundle;
    import android.app.Activity;
    import android.content.Intent;
    import android.view.Menu;
    import android.view.View;
    import android.view.View.OnClickListener;
    import android.widget.Button;

    public class MainActivity extends Activity {
        @Override
        protected void onCreate(Bundle savedInstanceState) {
            super.onCreate(savedInstanceState);
            setContentView(R.layout.activity_main);

            Button dgkz=(Button)findViewById(R.id.dgkz);
            dgkz.setOnClickListener(new OnClickListener() {
                @Override
                public void onClick(View v) {
                    // TODO Auto-generated method stub
                    //多界面之间的跳转代码参考（MainActivity界面跳转到dgkz界面）
                    Intent intent=new Intent(MainActivity.this,dgkz.class);
                    startActivity(intent);
                }
            });
        }
        @Override
        public boolean onCreateOptionsMenu(Menu menu) {
            // Inflate the menu; this adds items to the action bar if it is present
            getMenuInflater().inflate(R.menu.main, menu);
            return true;
        }
    }
```

- findViewById函数通过灯光控制按钮的id号dgkz引用按钮
- 通过setOnClickListener方法给按钮添加点击侦听事件
- 新建Intent对象，用startActivity方法实现界面之间的跳转

图2-39　"灯光控制"按钮点击事件

> **小贴士**
>
> 程序代码输入技巧：代码输入时，不需要输入函数的全称，只要输入前面几个字母，然后巧用"."提示或者组合键"Alt+?"进行列表选取。如：输入dgkz.setOnClickListener时，只要输入"dgkz."，稍等列表出现，然后选取setOnClickListener即可；再如，输入findViewById函数，只要输入fin，然后巧用组合键"Alt+?"，将会出现列表，选择即可。

（6）Android程序代码是有区分大小写的，输入程序代码时要特别注意。在程序代码输入完成后，可能会出现红色波浪线。这是因为没有导入所使用方法、函数的库。可将鼠标放置在红色波浪线出现的地方，在弹出的列表中选中import，如图2-40所示，红色波浪线即可消除，如图2-41所示。

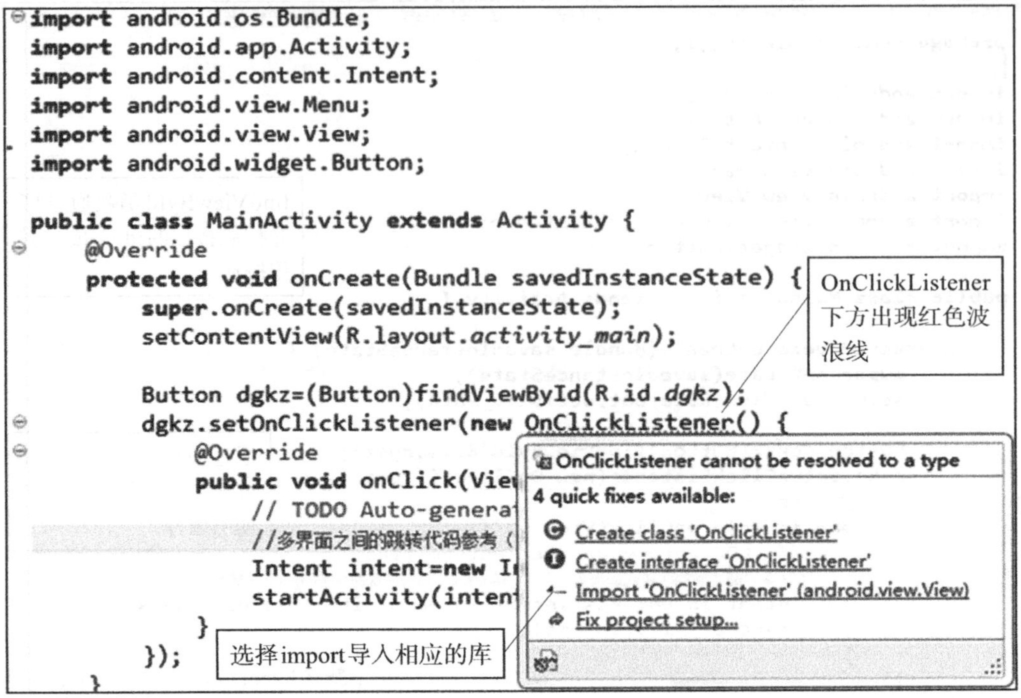

```
import android.os.Bundle;
import android.app.Activity;
import android.content.Intent;
import android.view.Menu;
import android.view.View;
import android.widget.Button;

public class MainActivity extends Activity {
    @Override
    protected void onCreate(Bundle savedInstanceState) {
        super.onCreate(savedInstanceState);
        setContentView(R.layout.activity_main);

        Button dgkz=(Button)findViewById(R.id.dgkz);
        dgkz.setOnClickListener(new OnClickListener() {
            @Override
            public void onClick(Vie
                // TODO Auto-genera
                //多界面之间的跳转代码参考(
                Intent intent=new I
                startActivity(inten
            }
        });
```

OnClickListener 下方出现红色波浪线

OnClickListener cannot be resolved to a type
4 quick fixes available:
- Create class 'OnClickListener'
- Create interface 'OnClickListener'
- Import 'OnClickListener' (android.view.View)
- Fix project setup...

选择import导入相应的库

图2-40　红色波浪线表示缺少相应的库

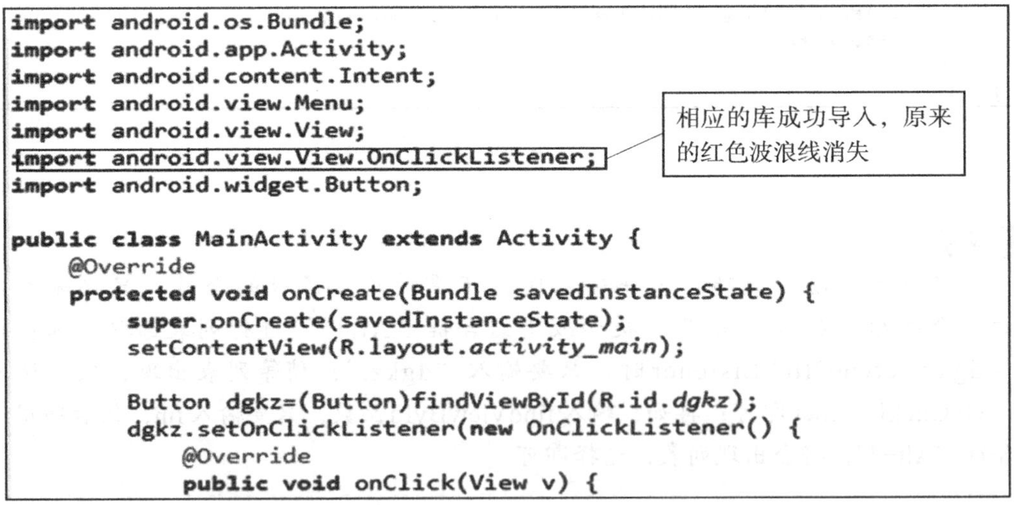

```
import android.os.Bundle;
import android.app.Activity;
import android.content.Intent;
import android.view.Menu;
import android.view.View;
import android.view.View.OnClickListener;
import android.widget.Button;

public class MainActivity extends Activity {
    @Override
    protected void onCreate(Bundle savedInstanceState) {
        super.onCreate(savedInstanceState);
        setContentView(R.layout.activity_main);

        Button dgkz=(Button)findViewById(R.id.dgkz);
        dgkz.setOnClickListener(new OnClickListener() {
            @Override
            public void onClick(View v) {
```

相应的库成功导入，原来的红色波浪线消失

图2-41　通过导入相应的库消除红色波浪线

（7）新建glob_data.java全局类文件，用于保存主界面中输入的ip地址和端口，如图2-42所示。选择项目中的src→com.example.znjj1（点击鼠标右键）→New→Class，在弹出框中输入Name为glob_data，其他默认，如图2-43所示，点击Finish按钮，如图2-44所示。

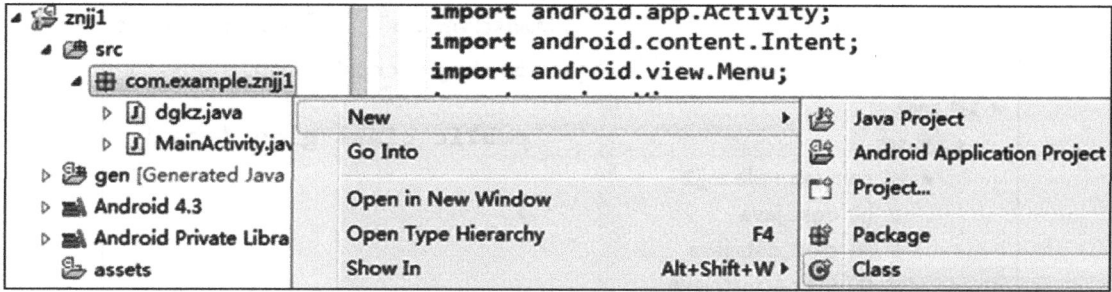

图2-42 创建类菜单项

图2-43 创建全局类glob_data对话框

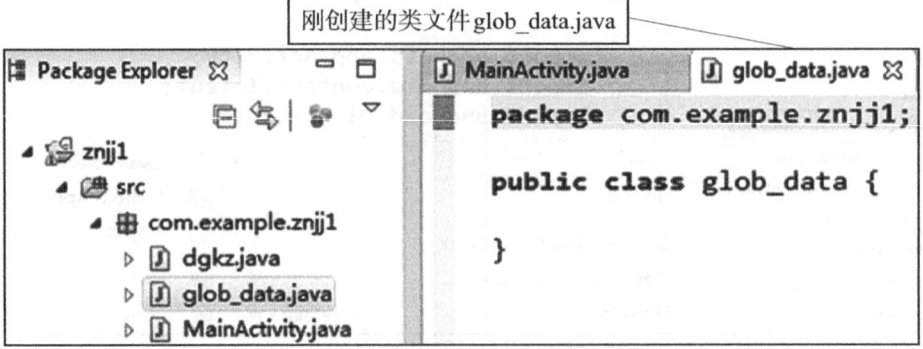

图2-44　全局类glob_data代码视图

（8）在glob_data.java文件中输入代码，如图2-45所示。双斜杠"//"后面的是代码说明，可以不用输入。

```
package com.example.znjj1;

//------全局变量类 android:name="com.example.znjj1.glob_data"
import android.app.Application;//导入Application类
public class glob_data extends Application {//继承Application类
    private String ip="192.168.1.190";//默认的ip地址
    private int port=10000;//默认的端口

    public String getip(){//获取ip地址的方法
        return this.ip;
    }
    public void setip(String ip1){//设置ip
        this.ip= ip1;
    }
    public int getport(){//获取端口的方法
        return this.port;
    }
    public void setport(int port1){//设置端口的方法
        this.port= port1;
    }
}
```

因为glob_data类继承了Application类，所以前面要import导入Application类

图2-45　全局类glob_data程序代码

（9）打开项目配置文件AndroidManifest.xml，添加application的name属性，设置值为全局变量类com.example.znjj1.glob_data，如图2-46所示。

```
<application
    android:allowBackup="true"
    android:icon="@drawable/ic_launcher"
    android:label="@string/app_name"
    android:theme="@style/AppTheme"
    android:name="com.example.znjj1.glob_data" >
```

添加name属性，设置值为com.example.znjj1.glob_data

图2-46　设置application中的name值为全局变量类

（10）打开主界面程序文件MainActivity.java。在onCreate事件中添加引用全局变量类的程序代码，获取保存的ip地址和端口，并设置在对应的输入框中，如图2-47所示。

```java
protected void onCreate(Bundle savedInstanceState) {
    super.onCreate(savedInstanceState);
    setContentView(R.layout.activity_main);

    EditText ip=(EditText)findViewById(R.id.ip);//findViewByid引用ip输入框
    EditText port=(EditText)findViewById(R.id.port);//findViewByid引用端口输入框
    glob_data glob=(glob_data)getApplication();//创建全局变量类

    ip.setText(glob.getip());//ip输入框的文本设置为全局变量类中保存的ip地址
    port.setText(String.valueOf(glob.getport()));//端口输入框的文本设置为全局变量类中保存的端口

    Button dgkz=(Button)findViewById(R.id.dgkz);
    dgkz.setOnClickListener(new OnClickListener() {
        @Override
        public void onClick(View v) {
            // TODO Auto-generated method stub
            //多界面之间的跳转代码参考（MainActivity界面跳转到dgkz界面）
            Intent intent=new Intent(MainActivity.this,dgkz.class);
            startActivity(intent);
        }
    });
}
```

添加这段代码，获取保存的ip地址和端口，并设置在对应的输入框中

图2-47　获取已保存的ip地址和端口的程序代码

（11）在MainActivity.java文件的onCreate事件后面添加自定义函数save_ip_port，用于在跳转到灯光控制界面或其他功能界面前，先保存ip地址和端口到全局变量，如图2-48所示。符号/* */之间的是代码说明，不用输入。

```java
public class MainActivity extends Activity {
    protected void onCreate(Bundle savedInstanceState) {...}

    public void save_ip_port()//自定义函数：在跳转到功能界面前先保存ip地址和端口到全局变量
    {
        EditText ip=(EditText)findViewById(R.id.ip);
        EditText port=(EditText)findViewById(R.id.port);
        glob_data glob=(glob_data)getApplication();

        try{
            glob.setip(ip.getText().toString().trim());//将ip地址输入框中的ip地址保存到全局变量
            glob.setport(Integer.parseInt(port.getText().toString().trim()));
            /*将端口输入框中的端口信息，先用Integer.parseInt方法转成整型，
              因为全局变量定义端口的是整型，然后保存到全局变量。*/
        }
        catch(Exception e)
        {}
    }
}
```

.toString().trim()的作用是转变成字符串类型，并过滤掉两边的空格

图2-48　保存ip地址和端口到全局变量函数的程序代码

小贴士

图2-48中，点击onCreate事件前面的这个 ⊕ 或 ⊖ 图标，可以显示或隐藏对应函数、方法、事件的具体代码，如：当前就隐藏了onCreate事件的具体代码。

try{ }、catch{ }是出错处理机制，将可能出现错误的代码放在try{ }中，一旦发生错误，会在catch{ }里面进行处理。如果catch{ }里面没有处理代码，就表示忽略错误，保证程序在发生意想不到的错误时不会崩溃，继续执行。

（12）在MainActivity.java文件的灯光控制按钮点击事件中，跳转到灯光控制界面之前调用save_ip_port函数，如图2-49所示。

```
protected void onCreate(Bundle savedInstanceState) {
    super.onCreate(savedInstanceState);
    setContentView(R.layout.activity_main);

    EditText ip=(EditText)findViewById(R.id.ip);//findViewById引用ip输入框
    EditText port=(EditText)findViewById(R.id.port);//findViewById引用端口输入框
    glob_data glob=(glob_data)getApplication();//创建全局变量类

    ip.setText(glob.getip());//ip输入框的文本设置为全局变量类中保存的ip地址
    port.setText(String.valueOf(glob.getport()));//端口输入框的文本设置为全局变量类中保存的端口

    Button dgkz=(Button)findViewById(R.id.dgkz);
    dgkz.setOnClickListener(new OnClickListener() {
        @Override
        public void onClick(View v) {
            // TODO Auto-generated method stub
            save_ip_port();//跳转到功能界面之前，保存最新的ip地址和端口号到全局变量
            //多界面之间的跳转代码参考（MainActivity界面跳转到dgkz界面）
            Intent intent=new Intent(MainActivity.this,dgkz.class);
            startActivity(intent);
        }
    });
}
```

添加调用save_ip_port函数

图2-49　跳转到灯光控制界面之前调用save_ip_port函数

任务二的教学视频，可扫描如图2-50所示的二维码观看。

图2-50　"灯光控制"任务二的教学视频二维码

任务三　主界面中退出系统功能的编程

【任务描述】

编程实现以下功能：

（1）点击主界面中的"退出系统"按钮，关闭系统程序。

（2）点击"灯光控制"界面中的"返回主界面"按钮，回到主界面。

【任务实施】

（1）打开主界面程序文件MainActivity.java。在onCreate事件中给"退出系统"按钮添加点击事件，编写程序，实现点击按钮后关闭程序，如图2-51所示。

```
protected void onCreate(Bundle savedInstanceState) {
    super.onCreate(savedInstanceState);
    setContentView(R.layout.activity_main);

    EditText ip=(EditText)findViewById(R.id.ip);//findViewById引用ip地址的id号
    EditText port=(EditText)findViewById(R.id.port);//findViewById引用的端口的id号
    glob_data glob=(glob_data)getApplication();//创建全局变量类

    ip.setText(glob.getip());//ip输入框的文本设置为全局变量类中保存的ip地址
    port.setText(String.valueOf(glob.getport()));//端口输入框的文本设置为全局变量

    Button dgkz=(Button)findViewById(R.id.dgkz);
    dgkz.setOnClickListener(new OnClickListener() {
        @Override
        public void onClick(View v) {
            // TODO Auto-generated method stub
            save_ip_port();//跳转到功能界面之前，保存最新的ip地址和端口号到全局变量
            //多界面之间的跳转代码参考（MainActivity界面跳转到dgkz界面）
            Intent intent=new Intent(MainActivity.this,dgkz.class);
            startActivity(intent);
        }
    });
    Button tc=(Button)findViewById(R.id.tc);
    tc.setOnClickListener(new OnClickListener() {
        @Override
        public void onClick(View v) {
            // TODO Auto-generated method stub
            //多界面的退出代码参考
            Intent startMain = new Intent(Intent.ACTION_MAIN);
            startMain.addCategory(Intent.CATEGORY_HOME);
            startMain.setFlags(Intent.FLAG_ACTIVITY_NEW_TASK);
            startActivity(startMain);
            System.exit(0);
        }
    });
}
```

> findViewById函数通过退出系统按钮的id号tc引用按钮

> System.exit(0)是正常关闭程序，而System.exit(1)表示非正常关闭程序

图2-51　"退出系统"按钮添加点击事件的程序代码

（2）打开灯光控制程序文件dgkz.java。在onCreate事件中给"返回主界面"按钮添加点击事件，编写程序，实现点击按钮后返回到主界面，如图2-52所示。

```java
package com.example.znjj1;
import android.os.Bundle;
public class dgkz extends Activity {
    @Override
    protected void onCreate(Bundle savedInstanceState) {
        super.onCreate(savedInstanceState);
        setContentView(R.layout.dgkz);

        Button fh=(Button)findViewById(R.id.fh);
        fh.setOnClickListener(new OnClickListener() {
            @Override
            public void onClick(View v) {
                // TODO Auto-generated method stub
                //从灯光界面跳转到主界面: dgkz.this->MainActivity.class
                Intent intent=new Intent(dgkz.this,MainActivity.class);
                startActivity(intent);
            }
        });
    }
    @Override
    public boolean onCreateOptionsMenu(Menu menu) {
        getMenuInflater().inflate(R.menu.main, menu);
        return true;
    }
}
```

findViewById函数通过返回主界面按钮的id号fh引用按钮

图2-52　在"灯光控制"程序中给"返回主界面"按钮添加点击事件

任务三的教学视频，可扫描如图2-53所示的二维码观看。

图2-53　"灯光控制"任务三的教学视频二维码

任务四　开灯功能、关灯功能的编程

【任务描述】

编程实现如下内容：

（1）点击"灯光控制"界面中的"开灯"按钮，打开选中的设备（紫灯、黄灯、绿灯、风扇）。

（2）点击"灯光控制"界面中的"关灯"按钮，关闭选中的设备（紫灯、黄灯、绿灯、风扇）。

【任务实施】

（1）要实现开灯功能和关灯功能，首先要新建一个socket通信类，通过socket发送命令控制设备。选择项目中的src→com.example.znjj1（点击鼠标右键）→New→Class，在弹出框中输入name为mysocket，其他默认，点击Finish按钮，生成mysocket.java通信类文件，如图2-54所示。

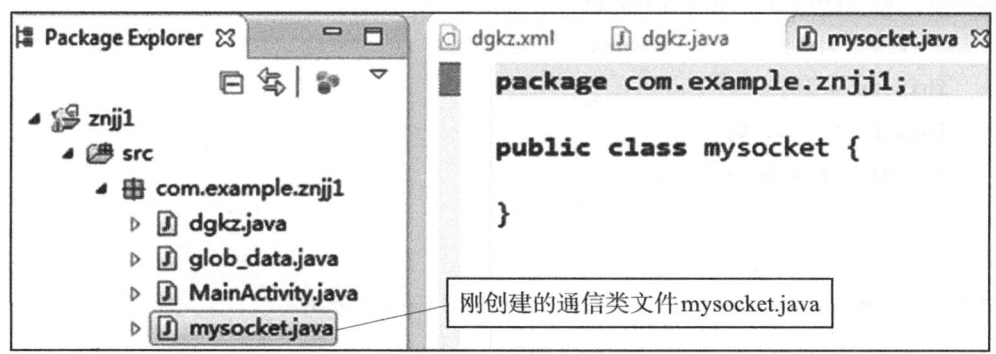

图2-54　socket通信类文件所在目录

（2）mysocket.java类文件实现通信功能：向服务器发送数据和接收服务器返回的数据，主要包含以下方法：

①Isconnect()方法：连接服务器，连接成功返回true，连接失败返回false。
②sendMsg(String args)方法：向服务器发送字符串。
③sendmsg (byte[] tmp)方法：向服务器发送byte[]字节数组。
④recvMsg()：接收服务器返回的char数组。
⑤close()：关闭连接。

mysocket.java类源代码网址：http://www.gzhpzz.net/wlw/mysocket.txt，具体程序代码和代码分析如下：

```java
package com.example.znjj1;//安卓项目名称
//mysocket类代码参考
import java.io.IOException;
import java.io.InputStream;
import java.io.InputStreamReader;
import java.io.OutputStream;
import java.io.PrintWriter;
import java.net.InetSocketAddress;
import java.net.Socket;

publicclass mysocket {
    private String ip;
    private int port;
    public Socket socket;//socket通信类
    private OutputStream out;//输出流
    private InputStream in;//输入流

    public mysocket(String ip,int port)//构造函数
    {//初始化变量ip地址、端口、socket通信类
        this.ip = ip;
        this.port = port;
        socket = new Socket();
    }

    public boolean isconnect()//通过ip地址和端口连接服务器
    {
        boolean is = false;
        try {
            socket.connect(new InetSocketAddress(ip,port),3000);//连接延迟3s
            is=true;
            try {
                out = socket.getOutputStream();
                in = socket.getInputStream();
            } catch (IOException e) {
                e.printStackTrace();
                System.out.println(e.getMessage().toString());
            }
        } catch (IOException e) {
```

```java
            e.printStackTrace();
            System.out.println(e.getMessage().toString());
        }
        return is;
    }

    public void sendMsg(String args)//发送字符串
    {
        PrintWriter outs = new PrintWriter(out);
        outs.print(args);
        outs.flush();
    }

    public void sendmsg (byte[] tmp) throws IOException//发送byte字节数组
    {
        out.write(tmp, 0, tmp.length);
        out.flush();
    }

    public char[] recvMsg()//接收返回char数组
    {
        char buf[] = new char[1024];
            try {
                InputStreamReader reader = new InputStreamReader(in);
                int count = reader.read(buf);
                System.out.println("Count ="+ count);
            } catch (IOException e) {
                e.printStackTrace();
                System.out.println(e.getMessage().toString());
            }

        return buf;
    }

    public byte[] recmsg() throws IOException//接收返回的byte字节数组
    {
        byte tmp[]=new byte[100];
        in.read(tmp);
```

```
            return tmp;
    }

    public void close()//关闭连接
    {
        try {
            if (in!=null) {in.close();}
            if (out!=null) {out.close();}
            socket.close();
        } catch (IOException e) {
            e.printStackTrace();
            System.out.println(e.getMessage().toString());
        }
    }
}
```

（3）设置程序的通信权限。打开项目配置文件AndroidManifest.xml，点击底部的Permissions，切换到权限设置面板，如图2-55所示。

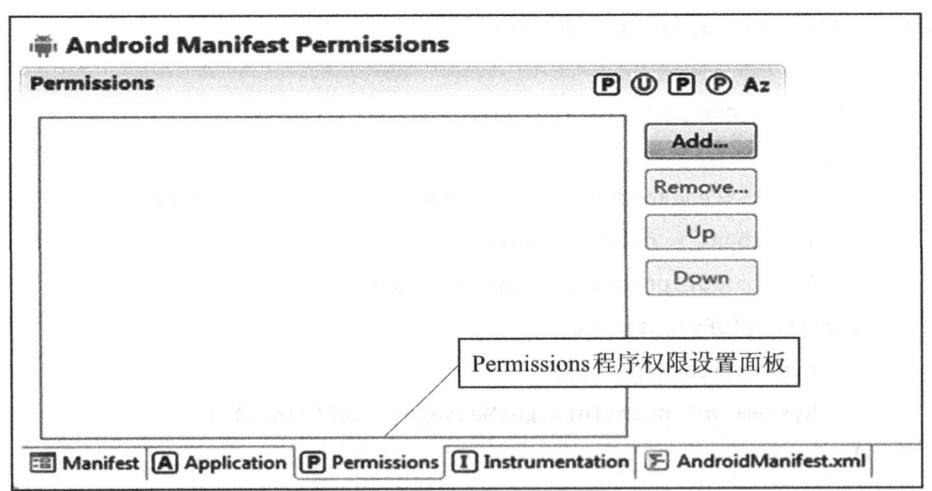

图2-55　项目配置文件中设置权限

（4）点击图2-55的Add→Uses Permission→Name列表中选取android.permission.INTERNET，如图2-56所示。然后再双击左边的 Uses Permission ，通信权限设置完成，如图2-57所示。

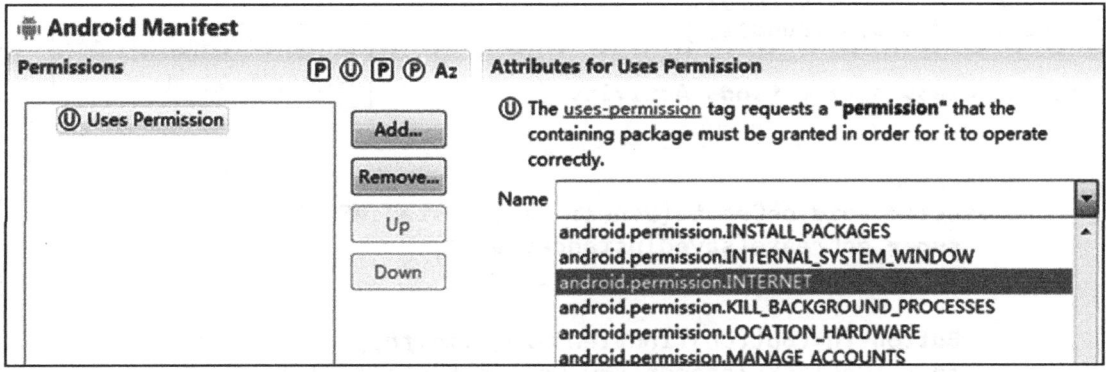

图2-56 设置用户权限

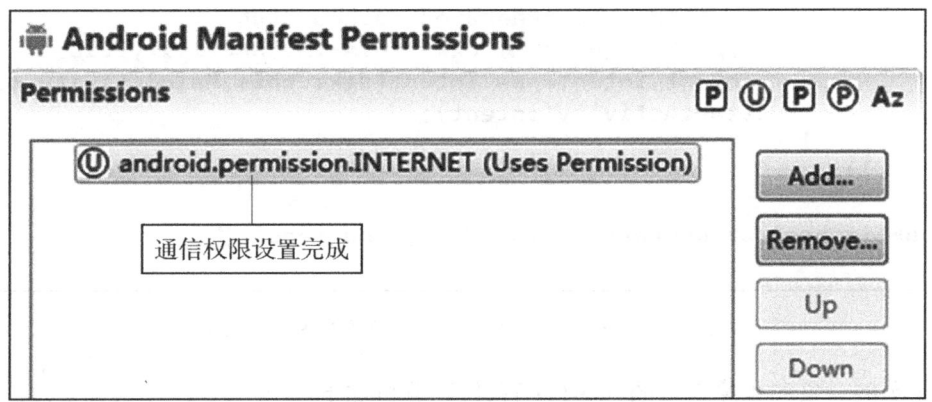

图2-57 选择通信权限android.permission.INTERNET

（5）打开灯光控制程序文件dgkz.java。创建实例对象和相关变量，为发送控制命令做初始化准备：

①创建mysocket类实例对象和相关变量。

②通过Thread线程搭建mysocket类的连接框架。

③创建Handler异步处理机制。

④创建Runnable+Handler组合的定时运行机制。

以上程序代码写在onCreate事件的上面，如图2-58所示。

```
package com.example.znjjl;
import android.os.Bundle;

public class dgkz extends Activity {       ← 创建实例对象和相关变量的
                                              程序代码写在这里

    @Override
    protected void onCreate(Bundle savedInstanceState) {
        super.onCreate(savedInstanceState);
        setContentView(R.layout.dgkz);

        Button fh=(Button)findViewById(R.id.fh);
        fh.setOnClickListener(new OnClickListener() {
            @Override
            public void onClick(View v) {
                // TODO Auto-generated method stub
                //从灯光界面跳转到主界面: dgkz.this->MainActivity.class
                Intent intent=new Intent(dgkz.this,MainActivity.class);
                startActivity(intent);
            }
        });
    }
    public boolean onCreateOptionsMenu(Menu menu) {
}
```

图2-58 在onCreate事件上创建实例对象和相关变量

创建实例对象和相关变量的程序代码和代码分析如下：

```
int dg_number=0;//有紫灯、黄灯、绿灯、风扇4种设备, dg_number变量用于标记选中了哪
个设备

mysocket msocket=null;//定义一个mysocket类

//conn_success变量标记socket是否连接成功, flg变量控制效果展示的上锁和解锁
boolean conn_success=false,flg=false;

String ip="";//连接物联网实训模拟软件的ip地址
int port=0;//连接物联网实训模拟软件的端口

Handler ha=new Handler();//handler异步处理机制
Runnable ra=new Runnable(){@Override
public void run() {
    //Thread为线程, 涉及socket通信类的操作都要在线程里面执行
    new Thread(){public void run() {
        if(conn_success==false)//没有连接成功就连接
        {
```

```
            msocket=new mysocket(ip,port);//ip地址+端口作为连接参数
            conn_success=msocket.isconnect();//连接
        }
        else//连接成功
        { /*线程里面不能直接修改UI组件的属性,例如TextView的文本
            必须用handler异步处理机制,通过发送Message实现*/
            Message ms=new Message();
            ms.obj="连接成功";
            ha1.sendMessage(ms);//触发ha1的异步处理
        }
    };}.start();//.start()启动线程
    ha.postDelayed(this, 3000);//每隔3s执行一次,因为mysocket类的连接延迟是3s
}};//Runnable+Handler产生定时执行机制


Handler ha1=new Handler(){//处理连接成功的代码
    public void handleMessage(Message msg) {
        TextView tx=(TextView)findViewById(R.id.textView1);
        tx.setText("灯光控制"+"_已连接");//显示连接成功
};};
```

（6）灯光控制程序文件dgkz.java的onCreate事件中,在setContentView(R.layout.dgkz)代码的后面（加载完灯光控制界面之后）,添加启动连接的程序代码。代码及代码分析如下：

```
setContentView(R.layout.dgkz);//加载灯光控制界面

glob_data glob=(glob_data)getApplication();//创建全局变量类对象

ip=glob.getip();//获取连接的ip地址
port=glob.getport();//获取连接的端口

ha.postDelayed(ra, 0);//启动连接
```

（7）在上一步（6）代码的后面,继续添加"单选按钮群"点选设备的程序代码。代码及代码分析如下：

```
//通过单选按钮群id引用按钮群
RadioGroup gp=(RadioGroup)findViewById(R.id.radioGroup1);
//给单选按钮群添加选择侦听事件
```

```java
gp.setOnCheckedChangeListener(new OnCheckedChangeListener() {
    @Override
    public void onCheckedChanged(RadioGroup group, int checkedId) {
        if(checkedId==R.id.zd)
        {
            dg_number=0;//选中紫灯dg_number为0
        }else if(checkedId==R.id.hd)
        {
            dg_number=1;//选中黄灯dg_number为1
        }else if(checkedId==R.id.ld)
        {
            dg_number=2;//选中绿灯dg_number为2
        }else if(checkedId==R.id.fs)
        {
            dg_number=3;//选中风扇dg_number为3
        }
    }
});
```

(8)在上一步（7）代码的后面，继续添加点击"开灯"按钮的程序代码。实现点击按钮能够打开选中的设备。代码及代码分析如下：

```java
//通过开灯按钮id引用按钮
Button kd=(Button)findViewById(R.id.kd);
//给按钮添加点击侦听事件
kd.setOnClickListener(new OnClickListener() {
    @Override
    public void onClick(View v) {
        //Thread为线程，涉及socket通信类的操作都要在线程里面执行
        new Thread(){@Override
        public void run() {
            if(conn_success==false) return;
            //先判断上面是否连接成功，如果未连接，则return（退出）程序，后面的代码不执行
            switch(dg_number){
                case 0: //选中的是紫灯
                    msocket.sendMsg("01S01");//发送打开紫灯命令
                    break;
                case 1: //选中的是黄灯
```

```
                msocket.sendMsg("01S10");//发送打开黄灯命令
                break;
            case 2: //选中的是绿灯
                msocket.sendMsg("10S01");//发送打开绿灯命令
                break;
            case 3: //选中的是风扇
                msocket.sendMsg("10S10");//发送打开风扇命令
                break;
            }
        }}.start();//.start()启动线程
        }
    });
```

（9）在上一步（8）代码的后面，继续添加点击"关灯"按钮的程序代码。实现点击按钮能够关闭选中的设备。代码及代码分析如下：

```
Button gd=(Button)findViewById(R.id.gd);//关灯按钮id引用按钮
    //给按钮添加点击侦听事件
    gd.setOnClickListener(new OnClickListener() {
        @Override
        public void onClick(View v) {
            //Thread为线程，涉及socket通信类的操作都要在线程里面执行
            new Thread(){@Override
            public void run() {
            if(conn_success==false) return;
            //先判断上面是否连接成功，如果未连接，则return（退出）程序，后面的代码不执行
            switch(dg_number){
                case 0: //选中的是紫灯
                    msocket.sendMsg("01C01");//发送关闭紫灯命令
                    break;
                case 1: //选中的是黄灯
                    msocket.sendMsg("01C10");//发送关闭黄灯命令
                    break;
                case 2: //选中的是绿灯
                    msocket.sendMsg("10C01");//发送关闭绿灯命令
                    break;
                case 3: //选中的是风扇
                    msocket.sendMsg("10C10");//发送关闭风扇命令
```

```
                break;
            }
        }}.start();//.start()启动线程
    }
});
```

任务四的教学视频，可扫描如图2-59所示的二维码观看。

图2-59 "灯光控制"任务四的教学视频二维码

任务五 开/关灯功能的编程

【任务描述】

编程实现：点击"灯光控制"界面中的"开/关灯"按钮，如果选中的设备（紫灯、黄灯、绿灯、风扇）处于关闭状态则打开设备，否则关闭设备。

【任务实施】

（1）"开/关灯"按钮与开灯按钮、关灯按钮的区别在于，只用一键控制设备的开和关，所以在控制设备之前要先判断设备的状态，根据设备的状态决定是发送开命令还是关命令。在关灯按钮的点击侦听事件后面，即任务四（9）代码的后面，继续添加点击"开/关灯"按钮的程序代码，同样采用跟开灯、关灯按钮一样的switch..case的编程框架，如下：

```
Button kgd=(Button)findViewById(R.id.kgd);//用开/关灯按钮id引用按钮
//给按钮添加点击侦听事件
kgd.setOnClickListener(new OnClickListener() {
    @Override
    public void onClick(View v) {
        //Thread为线程，涉及socket通信类的操作都要在线程里面执行
        new Thread(){@Override
```

项目二　智能开关模块之灯光控制

```
    public void run() {
    if(conn_success==false) return;
    //先判断上面是否连接成功,如果未连接成功,则return(退出)程序,后面的代码不执行
      String recstr="";//保存从物联网模拟软件返回的设备状态信息
      switch(dg_number){
        case 0: //选中的是紫灯
          【程序代码0】
          break;
        case 1: //选中的是黄灯
          【程序代码1】
          break;
        case 2: //选中的是绿灯
          【程序代码2】
          break;
        case 3: //选中的是风扇
          【程序代码3】
          break;
        }
    }}.start();//.start()启动线程
  }
});
```

（2）上面（1）中【程序代码0】是对紫灯的控制，代码和代码分析如下：

```
msocket.sendMsg("01GIO");//发送获取地址为01的智能开关模块上所接设备状态命令
 try {//两条socket相关操作程序代码相邻,中间必须延迟,确保前面的操作执行完毕
    Thread.sleep(200);//延迟200ms
  }catch (InterruptedException e){
    e.printStackTrace();
 }
recstr= new String(msocket.recvMsg()).trim();//接收模拟软件返回的设备信息
 try {
    Thread.sleep(200);//延迟200ms
  }catch (InterruptedException e){
    e.printStackTrace();
 }
 if(recstr.length()==7)//正常返回的信息是7位长度的字符,如01IO=10
{//返回的信息中,"="号后面的第1位是所接第1个设备(即紫灯)的状态:1表示开,0表示关
  if(recstr.substring(recstr.indexOf("=")+1, recstr.indexOf("=")+2).equals("0"))
```

051

```
    {msocket.sendMsg("01S01");}// 如果设备状态当前是关闭的，发送打开命令
else
    {msocket.sendMsg("01C01");}// 如果设备状态当前是打开的，发送关闭命令
}
```

（3）上面（1）中的【程序代码1】、【程序代码2】、【程序代码3】分别是对黄灯、绿灯、风扇的控制，其原理相同，可以通过复制修改【程序代码0】实现。

任务五的教学视频，可扫描如图2-60所示的二维码观看。

图2-60 "灯光控制"任务五的教学视频二维码

任务六 闪灯效果的编程

【任务描述】

编程实现：点击"灯光控制"界面中的"效果展示"按钮，先关闭全部灯和风扇；紫色灯闪烁3次后关闭；然后黄灯持续亮2s左右，然后关闭；同时绿灯亮，风扇启动。

【任务实施】

（1）通过合理组合设备的开、关命令，加上适当的时间延迟即可实现闪灯效果。在"开/关灯"按钮的点击侦听事件后面，即任务五（1）代码的后面，继续添加点击"效果展示"的程序，代码和代码分析如下：

```
Button xgzs=(Button)findViewById(R.id.xgzs);
xgzs.setOnClickListener(new OnClickListener() {
    @Override
    public void onClick(View v) {
        //Thread为线程，涉及socket通信类的操作都要在线程里面执行
        new Thread(){@Override
            public void run() {
                if(conn_success==false) return;
                //先判断上面是否连接成功，如果未连接成功，则return（退出）程序，后面的代码不执行
```

```
if(flg==true) return;//如果效果展示没有完成，直接return（退出）程序

flg=true;//上锁，保证效果展示没有执行完时，重复点击效果展示按钮不会生效

msocket.sendMsg("01C01");//发送关闭紫灯命令
try {//两条socket程序代码相邻，中间必须延迟，确保前面的操作执行完毕
    Thread.sleep(200);//延迟200ms
} catch (InterruptedException e) {
    e.printStackTrace();
}
msocket.sendMsg("01C10");//发送关闭黄灯命令
try {
    Thread.sleep(200);
} catch (InterruptedException e) {
    e.printStackTrace();
}
msocket.sendMsg("10C01");//发送关闭绿灯命令
try {
    Thread.sleep(200);
} catch (InterruptedException e) {
    e.printStackTrace();
}
msocket.sendMsg("10C10");//发送关闭风扇命令
try {
    Thread.sleep(200);
} catch (InterruptedException e) {
    e.printStackTrace();
}

for(int i=0;i<3;i++)//for循环让紫灯闪烁3次
{//通过间隔发送一开一关命令，实现闪烁效果
    msocket.sendMsg("01S01");//发送打开紫灯命令
    try {
        Thread.sleep(1000);//延迟1000ms，即1s
    } catch (InterruptedException e) {
        e.printStackTrace();
    }
    msocket.sendMsg("01C01");//发送关闭紫灯命令
```

```
        try {
          Thread.sleep(1000);//延迟1000ms,即1s
        } catch (InterruptedException e) {
          e.printStackTrace();
        }
      }
      msocket.sendMsg("01S10");//发送打开黄灯命令
      try {
        Thread.sleep(2000);//延迟2000ms,即2s,达到持续亮2s的效果
      } catch (InterruptedException e) {
        e.printStackTrace();
      }
      msocket.sendMsg("01C10");//发送关闭黄灯命令
      try {
        Thread.sleep(200);
      } catch (InterruptedException e) {
        e.printStackTrace();
      }
      msocket.sendMsg("10S01");//发送打开绿灯命令
      try {
        Thread.sleep(200);
      } catch (InterruptedException e) {
        e.printStackTrace();
      }
      msocket.sendMsg("10S10");//发送打开风扇命令
      flg=false;//效果展示执行完毕,解锁
    }}.start();//.start()启动线程
  }
});
```

（2）修改"返回主界面"按钮的点击事件代码：返回主界面之前要先关闭socket连接，将连接从内存中释放，以避免过多的无用连接占用系统资源。代码和代码分析如下：

```
Button fh=(Button)findViewById(R.id.fh);
fh.setOnClickListener(new OnClickListener() {
  @Override
  public void onClick(View v) {
```

```
new Thread(){@Override
public void run() {
   while(flg==true){}//如果有上锁,用wihle循环等待解锁完毕再执行退出

   ha.removeCallbacks(ra);//停止连接
   if(conn_success)
   {
   msocket.close();//返回之前先关闭连接
   conn_success=false;
   }
   msocket=null;//将socket实例从内存中释放

   //从灯光界面跳转到主界面:dgkz.this→MainActivity.class
   Intent intent=new Intent(dgkz.this,MainActivity.class);
   startActivity(intent);
}}.start();//.start()启动线程

   }
});
```

任务六的教学视频,可扫描如图2-61所示的二维码观看。

图2-61 "灯光控制"任务六的教学视频二维码

【项目评价】

任务	要求	权重	评价
界面设计	按要求完成主界面和灯光控制界面的设计	10%	
主界面和功能界面之间跳转的编程	点击主界面中的"灯光控制"按钮,能正常跳转到"灯光控制"界面,点击"灯光控制"界面中的"返回主界面"按钮,能正常返回主界面	5%	
退出系统功能编程	点击主界面中的"退出系统"按钮,能正常退出	5%	

续上表

任务	要求	权重	评价
开灯功能编程	点击"灯光控制"界面中的"开灯"按钮,能正常开启指定的设备	10%	
关灯功能编程	点击"灯光控制"界面中的"关灯"按钮,能正常关闭指定的设备	10%	
开/关灯功能编程	当指定的设备处于关闭状态时,点击"灯光控制"界面中的"开/关灯"按钮,能正常开启设备;当指定的设备处于开启状态,点击"灯光控制"界面中的"开/关灯"按钮,能正常关闭设备	25%	
闪灯效果编程	点击"灯光控制"界面中的"效果展示"按钮,能按要求实现灯光闪烁效果	25%	
学习表现	考察学生的学习态度和学习能力	10%	

【项目总结】

本项目主要讲解了安卓程序项目的组成、架构和配置,程序项目中最重要的两个类——网络通信类mysocket和全局变量类glob_data的作用、架构、属性、方法,线程Thread的编程,Runnable对象和Handler对象组合使用实现定时运行机制的编程,消息处理机制的编程,控制智能开关模块所接设备的编程等内容。本项目是第一个功能模块项目,也是后面项目的起步和基础。万事开头难,本项目所涵盖的知识点比较多,需要牢固掌握,因为后面的项目都可以通过复制前面项目的代码,进行修改来实现,从而提高项目开发的效率和效果,因此完全吃透本项目是学好这门课程的关键。

【思考和练习】

（1）程序代码是否区分大小写?类构造函数的作用是什么?类构造函数的命名有什么规则?

（2）线程的作用是什么?什么时候需要使用线程?线程的使用有哪些注意事项?

（3）什么是定时运行机制?它的作用是什么?如何编程实现?

（4）编程实现紫、黄、绿三盏灯同步闪烁10次的效果。

项目三 红外模块/RFID模块控制

【项目概述】

物联网实训模拟软件上有一个红外模块和RFID模块。红外模块上接的是空调,红外模块有一个学习的过程,学习到开/关空调的代码后才能控制空调的开/关。RFID模块可以输入一串数字,不同的数字串代表不同的卡,不同的卡控制设备不一样的开关状态。

【学习目标】

(1)掌握主界面、"红外控制"界面、"RFID控制"界面的设计方法,以及实现界面之间跳转的编程方法。

(2)熟悉安卓程序项目的各种权限设置,掌握网络通信权限的设置。

(3)掌握红外模块先学习后使用的应用逻辑。

(4)熟悉通信类mysocket先连接,在使用及最后退出时将其关闭的使用逻辑。掌握mysocket类的sendMsg发送字符串方法和recvMsg接收字符串方法。

(5)掌握在线程Thread中使用Handler对象消息处理机制改变UI状态的编程方法。

(6)熟悉字符串处理函数substring和indexof的作用,掌握其使用方法。

任务一 界面设计

【任务描述】

(1)在项目二主界面的基础上添加"红外控制"按钮和"RFID控制"按钮,效果如图3-1所示。

图3-1 项目三主界面

（2）设计"红外空调控制"界面，效果如图3-2所示。

（3）设计"RFID控制"界面，效果如图3-3所示。

【任务实施】

（1）给主界面添加"红外控制"按钮和"RFID控制"按钮。

打开主界面文件activity_main.xml，切换到代码视图，复制"灯光控制"按钮的设置代码，如图3-4所示。然后粘贴代码到"灯光控制"按钮设置代码的下方，修改id和文本属性：android:id="@+id/hwkz"和android:text="红外控制"。用同样的方法添加"RFID控制"按钮，如图3-5所示。

 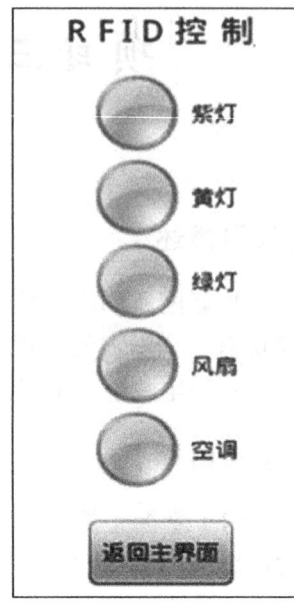

图3-2 "红外空调控制"界面　　图3-3 "RFID控制"界面

图3-4 复制"灯光控制"按钮的设置代码

```xml
<Button
    android:id="@+id/dgkz"
    android:layout_width="match_parent"
    android:layout_height="wrap_content"
    android:layout_marginTop="20dp"
    android:textSize="25dp"
    android:text="灯光控制" />
<Button
    android:id="@+id/hwkz"
    android:layout_width="match_parent"
    android:layout_height="wrap_content"
    android:layout_marginTop="20dp"
    android:textSize="25dp"
    android:text="红外控制" />
<Button
    android:id="@+id/rfid"
    android:layout_width="match_parent"
    android:layout_height="wrap_content"
    android:layout_marginTop="20dp"
    android:textSize="25dp"
    android:text="RFID 控制" />
<Button
    android:id="@+id/tc"
    android:layout_width="match_parent"
    android:layout_height="wrap_content"
    android:layout_marginTop="20dp"
    android:textColor="#ff0000"
    android:textSize="25dp"
    android:text="退出系统" />
```

（这部分是"红外控制按钮"设置）

（这部分是"RFID控制"按钮设置）

图3-5 "红外控制"按钮和"RFID控制"按钮的设置代码

主界面设计完成，切换到图形界面设计视图，效果如图3-1所示（此图位于任务一的任务描述中）。

（2）创建红外控制界面xml文件。通过复制项目二灯光控制界面文件dgkz.xml，粘贴生成红外控制界面文件hwkz.xml。切换到hwkz.xml图形界面设计视图，删除图3-6框选的部分，得到图3-7。

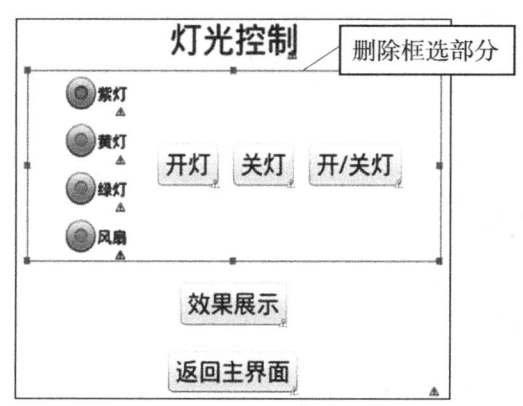

图3-6 删除框选部分

图3-7 保留"效果展示"按钮和"返回主界面"按钮

（3）切换到代码视图，修改"灯光控制"文本为"红外空调控制"；修改"效果展示"按钮文本为"学习开"，设置id为android:id="@+id/study_open"，如图3-8所示。

```xml
<TextView
    android:id="@+id/textView1"
    android:layout_width="wrap_content"
    android:layout_height="wrap_content"
    android:layout_alignParentTop="true"
    android:layout_centerHorizontal="true"
    android:text="红外空调控制"           修改为"红外空调控制"文本
    android:textSize="35dp" />
<ScrollView
    android:id="@+id/scrollView1"
    android:layout_width="fill_parent"
    android:layout_height="fill_parent"
    android:layout_below="@+id/textView1"
    android:layout_centerHorizontal="true" >
    <LinearLayout
        android:layout_width="match_parent"
        android:layout_height="match_parent"
        android:gravity="center"
        android:orientation="vertical" >
        <Button                                    "学习开"按钮设置
            android:id="@+id/study_open"
            android:layout_width="wrap_content"
            android:layout_height="wrap_content"
            android:layout_marginTop="20dp"
            android:text="学习开"
            android:textSize="25dp" />
        <Button
            android:id="@+id/fh"
```

图3-8 "红外空调控制"文本和"学习开"按钮的设置代码

切换到图形界面设计视图，如图3-9所示。

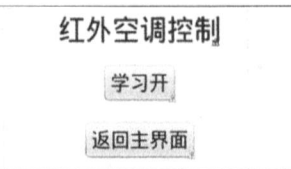

图3-9 有"学习开"按钮的"红外空调控制"界面

（4）在hwkz.xml的代码视图中，复制"学习开"按钮代码，复制粘贴产生"学习关"按钮、"开空调"按钮、"关空调"按钮，如图3-10所示。

```xml
<Button
    android:id="@+id/study_open"
    android:layout_width="wrap_content"
    android:layout_height="wrap_content"
    android:layout_marginTop="20dp"
    android:text="学习开"
    android:textSize="25dp" />
<Button
    android:id="@+id/study_close"
    android:layout_width="wrap_content"
    android:layout_height="wrap_content"
    android:layout_marginTop="20dp"
    android:text="学习关"
    android:textSize="25dp" />
<Button
    android:id="@+id/kkt"
    android:layout_width="wrap_content"
    android:layout_height="wrap_content"
    android:layout_marginTop="20dp"
    android:text="开空调"
    android:textSize="25dp" />
<Button
    android:id="@+id/gkt"
    android:layout_width="wrap_content"
    android:layout_height="wrap_content"
    android:layout_marginTop="20dp"
    android:text="关空调"
    android:textSize="25dp" />
<Button
    android:id="@+id/fh"
```

（"学习开"按钮设置、"学习关"按钮设置、"开空调"按钮设置、"关空调"按钮设置）

图3-10 红外控制界面代码视图

红外控制界面设计完成，切换到图形界面设计视图，效果如图3-2所示（此图位于任务一的任务描述中）。

（5）下载素材，网址为http://www.gzhpzz.net/wlw/sc.rar。解压后，将所有文件全部复制粘贴到项目所在目录\res\drawable-hdpi的路径下。例如：如果项目所在目录为G:\new_eclipse\workspace\znjj1，那么解压后的所有文件全部复制粘贴到G:\new_eclipse\workspace\znjj1\res\drawable-hdpi。刷新项目中的drawable-hdpi目录，如图3-11所示，素材会出现在列表中，如图3-12所示。

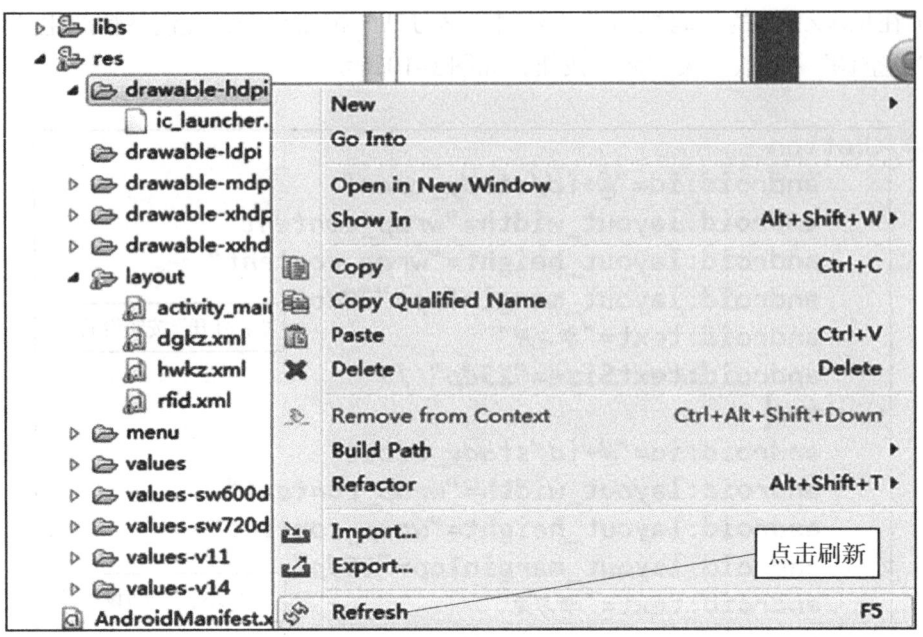

图 3-11 刷新 drawable-hdpi 目录

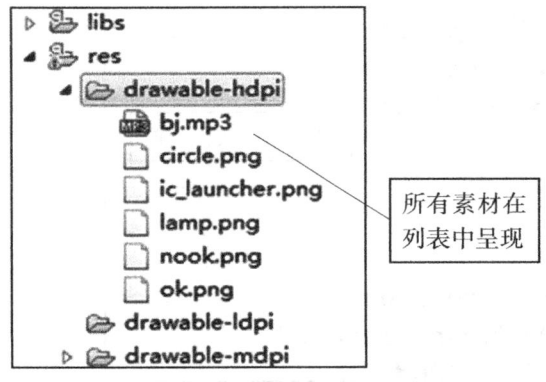

图 3-12 素材在列表中呈现

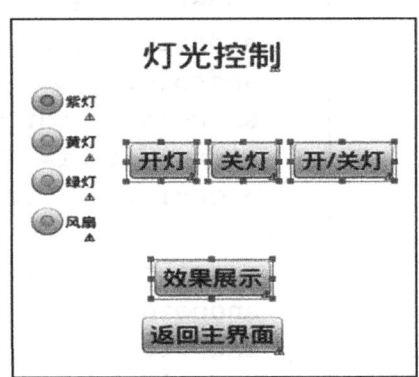

图 3-13 框选组件

(6)创建 RFID 控制界面 xml 文件。通过复制项目二"灯光控制"界面文件 dgkz.xml,粘贴生成 RFID 控制界面文件 rfid.xml。切换到 rfid.xml 图形界面设计视图,删除图 3-13 框选的 4 个按钮,得到图 3-14。

(7)修改图 3-14 中的"灯光控制"文本为"RFID 控制"。拖动 1 个图片组件 ImageView 到单选按钮群右边,如图 3-15 所示,将弹出图片选择

图 3-14 删除框选组件后的界面效果

对话框,选择 nook,如图 3-16 所示。再拖动 1 个文本组件 TextView 到图片组件右边,如图 3-17 所示。

项目三 红外模块/RFID模块控制

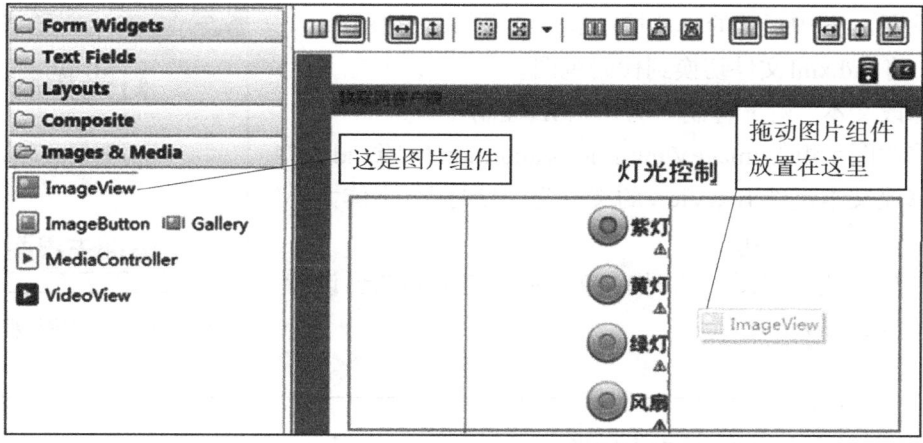

图3-15 拖动图片组件到单选按钮群右边

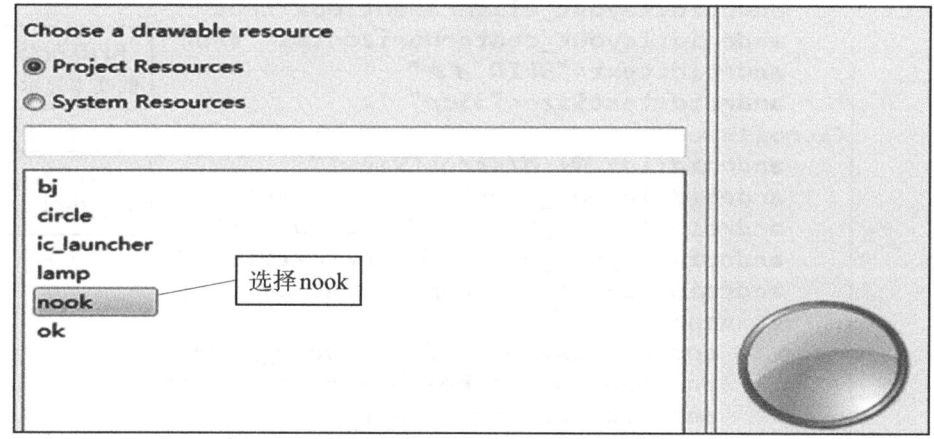

图3-16 选择nook图片

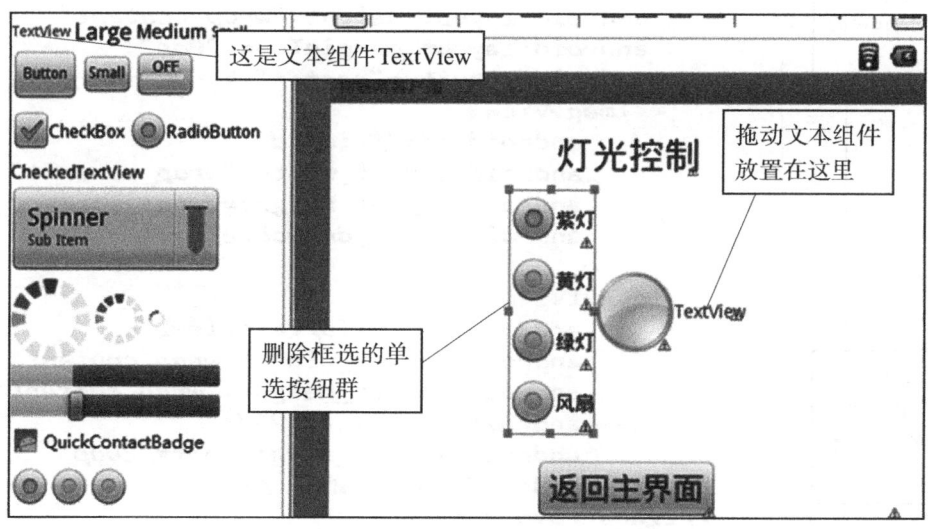

图3-17 拖动文本组件到图片组件右边

删除图3-17中框选的单选按钮群,结果如图3-18所示。
(8)将rfid.xml文件切换到代码视图。
①修改文本"灯光控制"为"RFID控制"。
②修改图片组件ImageView的id为android:id="@+id/zd"
③修改文本组件TextView的文本为"紫灯",字体大小为25dp,左边距为20dp。

修改后的代码视图,如图3-19所示。切换到图形设计界面如图3-20所示。

图3-18 删除单选按钮群后的效果

```
<TextView
    android:id="@+id/textView1"
    android:layout_width="wrap_content"
    android:layout_height="wrap_content"
    android:layout_alignParentTop="true"
    android:layout_centerHorizontal="true"
    android:text="RFID 控制"
    android:textSize="35dp" />
<ScrollView
    android:id="@+id/scrollView1"
    android:layout_width="fill_parent"
    android:layout_height="fill_parent"
    android:layout_below="@+id/textView1"
    android:layout_centerHorizontal="true" >
    <LinearLayout
        android:layout_width="match_parent"
        android:layout_height="match_parent"
        android:gravity="center"
        android:orientation="vertical" >
        <LinearLayout
            android:layout_width="match_parent"
            android:layout_height="wrap_content"
            android:layout_marginTop="20dp"
            android:gravity="center" >
            <ImageView
                android:id="@+id/zd"
                android:layout_width="wrap_content"
                android:layout_height="wrap_content"
                android:src="@drawable/nook" />

            <TextView
                android:id="@+id/textView2"
                android:layout_width="wrap_content"
                android:layout_height="wrap_content"
                android:textSize="25dp"
                android:layout_marginLeft="20dp"
                android:text="紫灯" />
        </LinearLayout>
```

"RFID控制"的文本显示

"紫灯"水平布局代码

设置图片组件ImageView的id

设置文本组件的字体大小、左边距、文本显示

图3-19 有紫灯的RFID控制界面代码

（9）通过复制图3-19的【"紫灯"水平布局代码】框选部分的代码，粘贴生成【"黄灯"水平布局代码】、【"绿灯"水平布局代码】、【"风扇"水平布局代码】、【"空调"水平布局代码】，修改设置如下：

图3-20　有紫灯的RFID控制界面

【"黄灯"水平布局代码】：文本显示"黄灯"，图片组件ImageView的id为android:id="@+id/hd"。

【"绿灯"水平布局代码】：文本显示"绿灯"，图片组件ImageView的id为android:id="@+id/ld"。

【"风扇"水平布局代码】：文本显示"风扇"，图片组件ImageView的id为android:id="@+id/fs"。

【"空调"水平布局代码】：文本显示"空调"，图片组件ImageView的id为android:id="@+id/kt"。

RFID控制界面设计完成，切换到图形界面设计视图，效果如图3-3所示（此图位于任务一的任务描述中）。

任务一的教学视频，可扫描如图3-21所示的二维码观看。

图3-21　"红外模块/RFID模块控制"界面设计教学视频二维码

任务二　主界面和"红外空调控制"界面及"RFID控制"界面之间跳转的编程

【任务描述】

编程实现以下功能：

（1）点击主界面中的"红外控制"按钮，进入"红外空调控制"界面，同时传递主界面文本框中的ip地址和端口给"红外空调控制"界面，其中第一个输入框是ip地址，第二个输入框是端口。

（2）点击主界面中的"RFID控制"按钮，进入"RFID控制"界面，同时传递主界面文本框中的ip地址和端口给"RFID控制"界面，其中第一个输入框是ip地址，第二个输入框是端口。

（3）点击"红外控制"界面中的"返回主界面"按钮，回到主界面。

（4）点击"RFID控制"界面中的"返回主界面"按钮，回到主界面。

【任务实施】

（1）通过复制项目二"灯光控制"程序文件dgkz.java，粘贴生成红外空调控制文件hwkz.java。打开hwkz.java文件，修改如下：

①将onCreate事件上方的Handler ha1=new Handler()处理代码修改如下：

```
Handler ha1=new Handler(){//处理连接成功的代码
public void handleMessage(Message msg) {
    TextView tx=(TextView)findViewById(R.id.textView1);
    tx.setText("红外空调控制"+"_已连接");//显示红外空调控制连接成功,
};};
```

②将onCreate事件中setContentView方法加载界面代码修改如下：

```
setContentView(R.layout.hwkz);//加载红外空调控制界面
```

③onCreate事件中ha.postDelayed(ra,0)（启动连接）代码后面，仅保留"返回主界面按钮的点击侦听事件"，其他代码删除，如图3-22所示：

```
protected void onCreate(Bundle savedInstanceState) {
    super.onCreate(savedInstanceState);
    setContentView(R.layout.hwkz);//加载红外空调控制界面

    glob_data glob=(glob_data)getApplication();//创建全局变量类对象

    ip=glob.getip();//获取连接的ip地址
    port=glob.getport();//获取连接的端口

    ha.postDelayed(ra, 0);//启动连接

    Button fh=(Button)findViewById(R.id.fh);
    fh.setOnClickListener(new OnClickListener() {//返回主界面按钮的点击侦听事件
}
```

删除"启动连接"与"返回主界面的按钮点击侦听事件"之间的代码

图3-22 删除"启动连接"与"返回主界面按钮的点击侦听事件"之间的代码

（2）通过复制（1）中修改并保存的红外空调控制程序文件hwkz.java，粘贴生成RFID控制文件rfid.java。打开rfid.java文件，修改如下：

①将onCreate事件上方的Handler ha1=new Handler()处理代码修改如下：

```
Handler ha1=new Handler(){//处理连接成功的代码
public void handleMessage(Message msg) {
    TextView tx=(TextView)findViewById(R.id.textView1);
    tx.setText("RFID 控制"+"_已连接");//显示"RFID控制"连接成功,
};};
```

②将onCreate事件中setContentView方法加载界面代码修改如下：

```
setContentView(R.layout.rfid);//加载RFID控制界面
```

（3）打开主界面程序文件MainActivity.java。在onCreate事件中给"红外控制"按钮和"RFID控制"按钮添加点击事件，编写程序，实现点击按钮后跳转到相应的控制界面。代码如下：

```
Button hwkz=(Button)findViewById(R.id.hwkz);
hwkz.setOnClickListener(new OnClickListener() {
    @Override
    public void onClick(View v) {
        save_ip_port();//跳转到功能界面之前，保存最新的ip地址和端口号到全局变量
        //MainActivity界面跳转到hwkz界面：MainActivity.this→hwkz.class
            //跳转到红外空调控制界面
        Intent intent=new Intent(MainActivity.this,hwkz.class);
        startActivity(intent);
    }
});
Button rfid=(Button)findViewById(R.id.rfid);
rfid.setOnClickListener(new OnClickListener() {
    @Override
    public void onClick(View v) {
        save_ip_port();//跳转到功能界面之前，保存最新的ip地址和端口号到全局变量
        //MainActivity界面跳转到rfid界面：MainActivity.this→rfid.class
            //跳转到RFID控制界面
        Intent intent=new Intent(MainActivity.this,rfid.class);
        startActivity(intent);
    }
});
```

（4）打开项目配置文件AndroidManifest.xml，添加hwkz.java、rfid.java文件的注册信息，代码如下：

```
<activity
    android:name="com.example.znjj1.hwkz"         红外空调控制文件
    android:label="@string/app_name">              hwkz.java的注册
</activity>
<activity
    android:name="com.example.znjj1.rfid"          RFID控制文件rfid.
                                                   java的注册
```

```
        android:label="@string/app_name">
</activity>
```

任务二教学视频，可扫描如图3-23所示的二维码。

图3-23 "红外模块/RFID模块控制"任务二教学视频二维码

任务三 开/关空调功能的编程

【任务描述】

编程实现以下功能：
（1）点击"红外控制"界面中的"学习开"按钮，学习开空调命令。
（2）点击"红外控制"界面中的"学习关"按钮，学习关空调命令。
（3）点击"红外控制"界面中的"开空调"按钮，空调打开。
（4）点击"红外控制"界面中的"关空调"按钮，空调关闭。

【任务实施】

打开hwkz.java文件，在onCreate事件的ha.postDelayed(ra,0)（启动连接）代码后面，即图3-22中ha.postDelayed(ra,0)后面添加以下按钮的点击侦听事件：
（1）"学习开"按钮点击侦听事件：

```
Button study_open=(Button)findViewById(R.id.study_open);
study_open.setOnClickListener(new OnClickListener() {
    @Override
    public void onClick(View v) {
        new Thread(){@Override
        public void run() {
            if(conn_success==false) return;
            //当模拟软件的"学习开"按钮为红色时，表示等待学习，发送以下字符
            msocket.sendMsg("STUDY01");//学习到开空调的代码是：01
            //如果发送的是"STUDY10"，则学习到开空调的代码就是：10
```

项目三 红外模块/RFID模块控制

```
        }}.start();
    }
});
```

（2）"学习关"按钮点击侦听事件：

```java
Button study_close=(Button)findViewById(R.id.study_close);
study_close.setOnClickListener(new OnClickListener() {
    @Override
    public void onClick(View v) {
        new Thread(){@Override
        public void run() {
            if(conn_success==false) return;
            //当模拟软件的"学习关"按钮为红色时，表示等待学习，发送以下字符
            msocket.sendMsg("STUDY02");//学习到关空调的代码是：02
        }}.start();
    }
});
```

（3）"开空调"按钮点击侦听事件：

```java
Button kkt=(Button)findViewById(R.id.kkt);
kkt.setOnClickListener(new OnClickListener() {
    @Override
    public void onClick(View v) {
        new Thread(){@Override
        public void run() {
            if(conn_success==false) return;
            msocket.sendMsg("SENDD01");//发送"开空调"字符串命令
        }}.start();
    }
});
```

（4）"关空调"按钮点击侦听事件：

```java
Button gkt=(Button)findViewById(R.id.gkt);
gkt.setOnClickListener(new OnClickListener() {
    @Override
    public void onClick(View v) {
```

```
new Thread(){@Override
public void run() {
    if(conn_success==false) return;
    msocket.sendMsg("SENDD02");//发送"关空调"字符串命令
}}.start();
    }
});
```

任务三教学视频，可扫描如图3-24所示的二维码。

图3-24 "红外模块/RFID模块控制"任务三教学视频二维码

任务四　RFID卡号控制设备开/关的编程

【任务描述】

进入"RFID控制"界面，以"5位二进制字符"为命令格式，控制物联网实训模拟软件的相关设备，编程实现如下效果：

（1）在模拟软件的RFID模块中输入5位二进制字符如"11000"：紫灯亮、黄灯亮、绿灯灭、风扇关闭、空调关闭，"RFID控制"界面显示如图3-25所示。

（2）在模拟软件的RFID模块中输入5位二进制字符如"10101"：紫灯亮、黄灯灭、绿灯亮、风扇关闭、空调打开，"RFID控制"界面显示如图3-26所示。

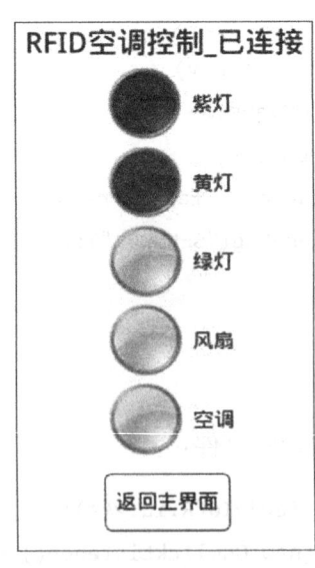

图3-25 RFID卡号为"11000"的控制设备效果

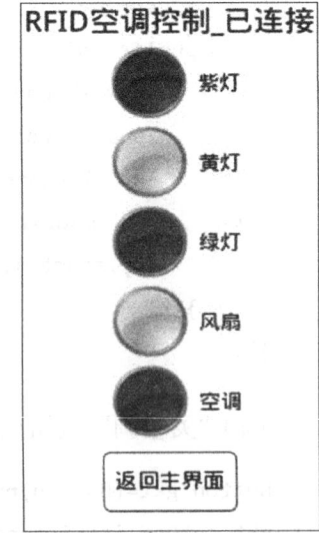

图3-26 RFID卡号为"10101"的控制设备效果

在模拟软件中输入非"5位二进制字符","RFID控制"界面不会变化。

【任务实施】

（1）打开rfid.java文件，修改onCreate事件上方的Runnable对象的连接框架代码，在连接成功的情况下，每隔3s获取RFID卡号的信息，然后根据卡号信息取控制设备。修改后的程序代码和代码分析如下：

```java
Runnable ra=new Runnable(){@Override
public void run() {
 new Thread(){public void run() {
    if(conn_success==false)//没有连接成功就连接
    {
      msocket=new mysocket(ip,port);
      conn_success=msocket.isconnect();//连接
    }
    else//连接成功
    {
      Message ms=new Message();
      ms.obj="连接成功";
      ha1.sendMessage(ms);//触发ha1
      /*如果上一次获取RFID卡号信息的程序运行没有完成，直接return（退出）程序*/
      if(flg==true) return;
      flg=true;//上锁
      msocket.sendMsg("00ID?");//发送获取RFID卡号信息的字符命令
      try {
          Thread.sleep(200);//延迟200ms
      } catch (InterruptedException e) {
          e.printStackTrace();
      }
      //获取返回的RFID卡号信息
      String recstr=new String(msocket.recvMsg()).trim();
      /*正常返回的信息是8位字符如：ID=10101,
        "="号后面的5个字符分别代表了5个设备将要呈现的状态*/
      if(recstr.length()==8)
      {//取"="号后面的第1个字符，如果是0，表示关闭紫灯，否则就打开紫灯
        if(recstr.substring(recstr.indexOf("=")+1,
            recstr.indexOf("=")+2).equals("0"))
        {
          msocket.sendMsg("01C01");//关闭紫灯
```

```java
        }
    else
        {
            msocket.sendMsg("01S01");//打开紫灯
        }
    try {
        Thread.sleep(200);//延迟200ms
    } catch (InterruptedException e) {
        e.printStackTrace();
    }
    //取"="号后面的第2个字符，如果是0，表示关闭黄灯，否则就打开黄灯
    if(recstr.substring(recstr.indexOf("=")+2,
        recstr.indexOf("=")+3).equals("0"))
        {
            msocket.sendMsg("01C10");//关闭黄灯
        }
    else
        {
            msocket.sendMsg("01S10");//打开黄灯
        }
    try {
        Thread.sleep(200);//延迟200ms
    } catch (InterruptedException e) {
        e.printStackTrace();
    }
    //取"="号后面的第3个字符，如果是0，表示关闭绿灯，否则就打开绿灯
     if(recstr.substring(recstr.indexOf("=")+3,
        recstr.indexOf("=")+4).equals("0"))
        {
            msocket.sendMsg("10C01");//关闭绿灯
        }
    else
        {
            msocket.sendMsg("10S01");//打开绿灯
        }
    try {
        Thread.sleep(200);//延迟200ms
    } catch (InterruptedException e) {
        e.printStackTrace();
    }
```

```java
            //取"="号后面的第4个字符,如果是0,表示关闭风扇,否则就打开风扇
            if(recstr.substring(recstr.indexOf("=")+4,
                recstr.indexOf("=")+5).equals("0"))
            {
                msocket.sendMsg("10C10");//关闭风扇
            }
            else
            {
                msocket.sendMsg("10S10");//打开风扇
            }
            try {
                Thread.sleep(200);//延迟200ms
            } catch (InterruptedException e) {
                e.printStackTrace();
            }
            //取"="号后面的第5个字符,如果是0,表示关闭空调,否则就打开空调
            if(recstr.substring(recstr.indexOf("=")+5,
                recstr.indexOf("=")+6).equals("0"))
            {
                msocket.sendMsg("SENDD02");//关闭空调
            }
            else
            {
                msocket.sendMsg("SENDD01");//打开空调
            }
            /*以上是控制设备的开关的编程,但设备的状态要通过图片的颜色改变来体现,因为这
            是在线程里面的程序,不能直接修改图片;图片的改变通过handler的message(消息)
            机制,异步处理来完成*/
            ms=new Message();
            //取"="号后面的5位字符,作为消息对象发送
            ms.obj=recstr.substring(recstr.indexOf("=")+1,
                                recstr.indexOf("=")+6);
            ha2.sendMessage(ms);//触发ha2,将5个设备的状态码发送给handler处理
        }
        flg=false;//解锁
      }
    };}.start();//.start()启动线程
    ha.postDelayed(this, 3000);//每隔3s执行一次
}};
```

（2）在上面（1）代码的后面接着新建一个handler，即ha2，用于处理发送过来的设备的状态信息，根据信息改变图片的颜色。代码和代码分析如下：

```java
Handler ha2=new Handler(){//处理发送过来的设备的状态信息
    public void handleMessage(Message msg) {
        String recstr=msg.obj.toString();//获取发送过来的字符串
        ImageView im;//创建一个图片对象
        im=(ImageView)findViewById(R.id.zd);//引用紫灯对应的图片
        //取第1位，代表紫灯状态，0关闭，1打开
        if(recstr.substring(0,1).equals("0"))
        {
            im.setImageResource(R.drawable.nook);//nook是灰色图片，灰色代表关
        }
        else
        {
            im.setImageResource(R.drawable.ok);//ok是红色图片，红色代表打开
        }
        im=(ImageView)findViewById(R.id.hd);//引用黄灯对应的图片
        if(recstr.substring(1,2).equals("0"))//取第2位，代表黄灯状态
            {im.setImageResource(R.drawable.nook);}
        else
            {im.setImageResource(R.drawable.ok);}

        im=(ImageView)findViewById(R.id.ld);//引用绿灯对应的图片
        if(recstr.substring(2,3).equals("0"))//取第3位，代表绿灯状态
            {im.setImageResource(R.drawable.nook);}
        else
            {im.setImageResource(R.drawable.ok);}

        im=(ImageView)findViewById(R.id.fs);//引用风扇对应的图片
        if(recstr.substring(3,4).equals("0"))//取第4位，代表风扇状态
            {im.setImageResource(R.drawable.nook);}
        else
            {im.setImageResource(R.drawable.ok);}
        im=(ImageView)findViewById(R.id.kt);//引用空调对应的图片
        if(recstr.substring(4,5).equals("0"))//取第5位，代表空调状态
            {im.setImageResource(R.drawable.nook); }
        else
            {im.setImageResource(R.drawable.ok); }
};};
```

任务四教学视频,可扫描如图3-27所示的二维码。

图3-27 "红外模块/RFID模块控制"任务四教学视频二维码

【项目评价】

任务	要求	权重	评价
界面设计	按要求完成主界面、"红外控制"界面、"RFID控制"界面的设计	10%	
主界面和功能界面之间跳转的编程	点击主界面中的"红外控制"按钮,能正常跳转到"红外空调控制"界面;点击"红外空调控制"界面中的"返回主界面"按钮,能正常返回主界面。点击主界面中的"RFID控制"按钮,能正常跳转到"RFID控制"界面;点击"RFID控制"界面中的"返回主界面"按钮,能正常返回主界面	5%	
开、关空调功能编程	点击"红外空调控制"界面中的"开空调"按钮,能正常开启空调;点击"红外空调控制"界面中的"关空调"按钮,能正常关闭空调	25%	
不同的卡控制设备不一样的开关状态的编程	在RFID模块中输入5位二进制字符"11000",实训模拟软件上的紫灯亮、黄灯亮、绿灯灭、风扇1关闭、空调关闭,同时"RFID控制"界面中所对应设备的图标变成红(设备开)或灰(设备关);在RFID模块中输入5位二进制字符"10101",实训模拟软件上的紫灯亮、黄灯灭、绿灯亮、风扇1关闭、空调开启,同时"RFID控制"界面中所对应设备的图标变成红(设备开)或灰(设备关)	50%	
学习表现	考察学生的学习态度和学习能力	10%	

【项目总结】

本项目主要讲解了网络通信类mysocket的详细使用方法，线程Thread中使用Handler对象消息处理机制改变UI状态的编程方法，字符串处理函数substring和indexof组合使用的编程方法，红外模块开、关空调功能的编程方法，RFID卡号控制设备开关的编程方法等内容。学生通过本项目的学习，掌握红外模块、RFID模块的编程控制的同时，在上一个项目的基础上进一步巩固socket通信编程的架构，为后续项目的学习打下坚实的基础。

【思考和练习】

（1）如何设置安卓项目的存储权限、位置获取权限？

（2）编程改变控制空调开的指令为：open_kt，关闭空调的指令为：close_kt。

（3）编程控制RFID模块实现如下效果：当在RFID模块中输入1个字符时，如果该字符是"1"，模拟软件上的紫、黄、绿灯开启；如果该字符是"0"，模拟软件上的紫、黄、绿灯关闭；如果是其他字符或输入的字符数量大于1个，那么模拟软件上的紫、黄、绿灯没有任何变化。

项目四 数据采集模块控制

【项目概述】

物联网实训模拟软件上有一个数据采集模块。数据采集模块上共有6个in接口：in0～in5，分别接了光照、火焰（文本显示为"火"）、门磁、人体感应、烟雾、雨露6个状态传感器。状态传感器只有两个取值1或0，表示有或无。数据采集模块上还有开关1、2、3，其作用跟智能开关模块一样，其中开关2和3分别控制窗（窗帘）的开和关。本项目介绍的主要是编程实现布防和防灾功能，即通过获取门磁、人体感应传感器的状态值产生防盗警报；通过获取火焰、烟雾传感器的状态值产生防灾警报，通过获取雨露传感器的状态控制窗的开和关，有雨能自动关窗，无雨则会自动开窗。

【学习目标】

（1）掌握主界面、数据采集控制界面的设计方法，以及实现界面之间跳转的编程方法。

（2）熟悉数据采集模块的接口，以及接口所接传感器的作用和特点，掌握获取6个状态传感器值的编程方法。

（3）掌握MediaPlayer对象控制声音播放的编程方法。

（4）进一步巩固在线程Thread中使用Handler对象消息处理机制改变UI状态的编程方法。

（5）掌握实现布防功能的编程方法。

（6）掌握实现自动光感应功能的编程方法。

（7）掌握实现防灾功能的编程方法。

（8）掌握实现回家和离家模式的编程方法。

任务一 界面设计

【任务描述】

（1）在项目三主界面的基础上添加"数据采集模块控制"按钮，效果如图4-1所示。

（2）"数据采集模块控制"界面的设计，界面如图4-2所示。

图4-1 项目四主界面

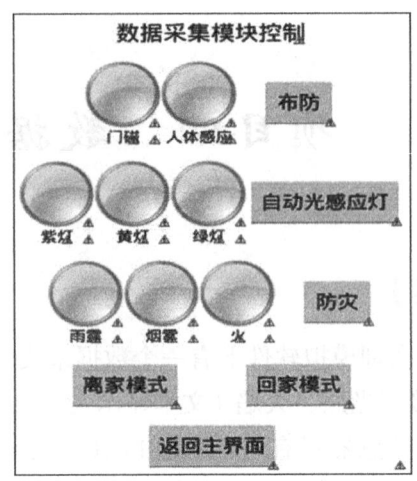
图4-2 "数据采集模块控制"界面

【任务实施】

(1) 给主界面添加"数据采集模块控制"按钮。

打开主界面文件activity_main.xml,切换到代码视图,复制"RFID控制"按钮的设置代码,如图4-3所示。然后粘贴代码到"RFID控制"按钮设置代码的下方,修改id和文本属性:android:id="@+id/sjcj"和android:text="数据采集模块控制",如图4-4所示。

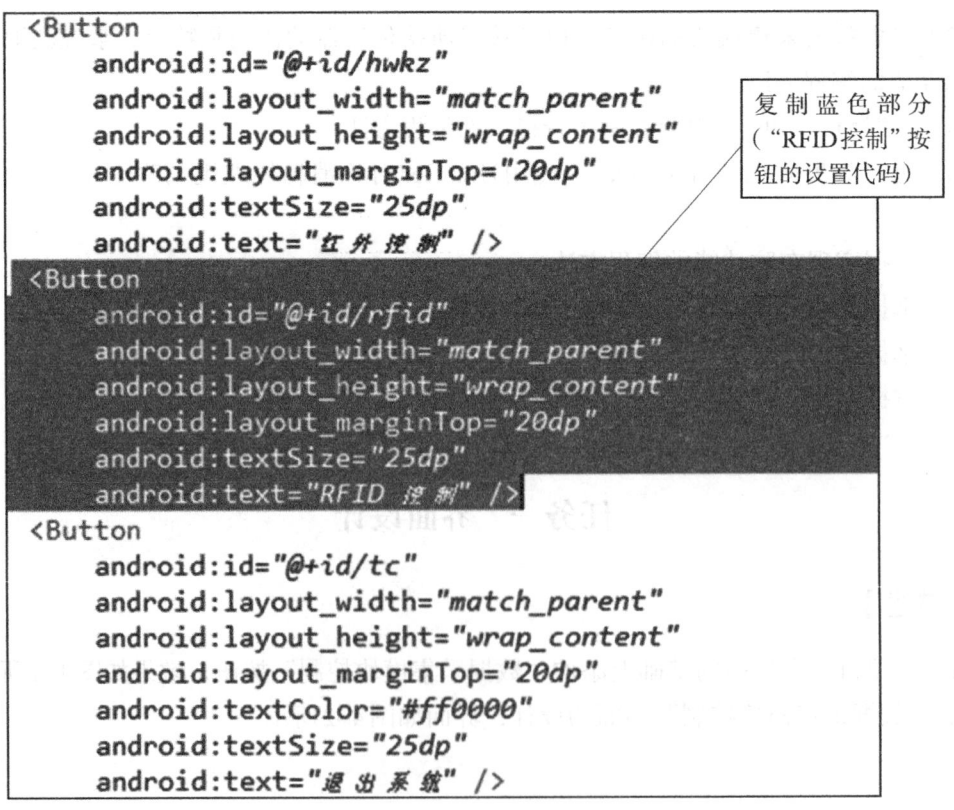

图4-3 复制"RFID控制"按钮的设置代码

```
<Button
    android:id="@+id/rfid"
    android:layout_width="match_parent"
    android:layout_height="wrap_content"
    android:layout_marginTop="20dp"
    android:textSize="25dp"
    android:text="RFID 控制" />
<Button
    android:id="@+id/sjcj"
    android:layout_width="match_parent"
    android:layout_height="wrap_content"
    android:layout_marginTop="20dp"
    android:textSize="25dp"
    android:text="数据采集模块控制" />
```

这部分是"数据采集模块控制"按钮的设置

图4-4 "数据采集模块控制"按钮的设置代码

主界面设计完成，切换到图形界面设计视图，效果如图4-1所示（此图位于任务一的任务描述中）。

（2）创建"数据采集模块控制"界面文件xml。通过复制项目三"红外空调控制"界面文件rfid.xml，粘贴生成"数据采集模块控制"界面sjcj.xml文件。切换到sjcj.xml图形界面设计视图，删除图4-5框选部分，同时修改"RFID控制"文本为"数据采集模块控制"，得到图4-6。

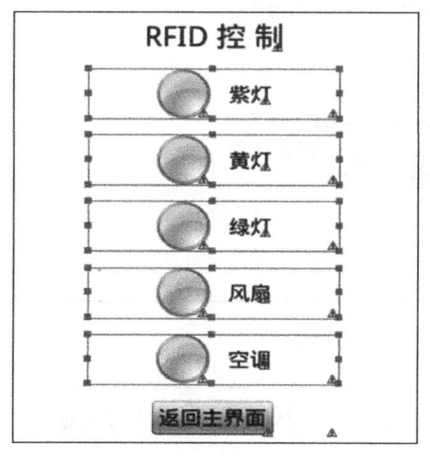

图4-5 框选组件　　　　　　　　　　图4-6 删除框选的组件

（3）拖动一个水平布局组件到图4-6的"返回主界面"按钮上方，如图4-7所示。切换到代码视图，设置刚才的水平布局内部为居中显示，上边距为20dp，高度为50dp（先设置一定的高度，占据一定的空间，方便往里面放置东西），如图4-8所示。切换到图形界面设计视图，如图4-9所示。

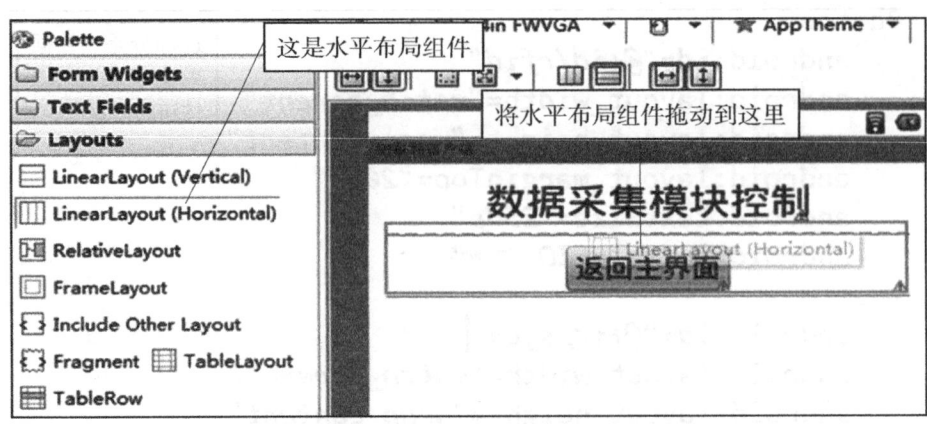

图4-7 拖动水平布局组件到"返回主界面"按钮上方

```
<ScrollView
    android:id="@+id/scrollView1"
    android:layout_width="fill_parent"
    android:layout_height="fill_parent"
    android:layout_below="@+id/textView1"
    android:layout_centerHorizontal="true" >
    <LinearLayout
        android:layout_width="match_parent"
        android:layout_height="match_parent"
        android:gravity="center"
        android:orientation="vertical" >
        <LinearLayout
            android:gravity="center"
            android:layout_marginTop="20dp"
            android:layout_height="50dp"
            android:layout_width="match_parent">
        </LinearLayout>
        <Button
            android:id="@+id/fh"
            android:layout_width="wrap_content"
            android:layout_height="wrap_content"
            android:layout_marginTop="20dp"
            android:text="返回主界面"
            android:textSize="25dp" />
    </LinearLayout>
</ScrollView>
```

这是水平布局设置：内部居中、上边距20dp、高度50dp

图4-8 水平布局组件的设置代码

（4）拖动一个垂直布局组件到图4-9的框选部分，即水平布局里面，如图4-10所示。切换到代码视图，设置刚才的垂直布局边距为20dp，高度和宽度都为50dp（先设置一定的高度，占据一定的空间，方便往里面放置东西），将外层的水平布局，即（3）

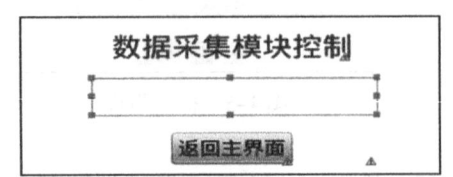

图4-9 添加了水平布局组件的数据采集模块界面

中的水平布局，高度设置为wrap_content（自适应）（原来设置为50dp），如图4-11所示。切换到图形界面设计视图，如图4-12所示。

项目四　数据采集模块控制

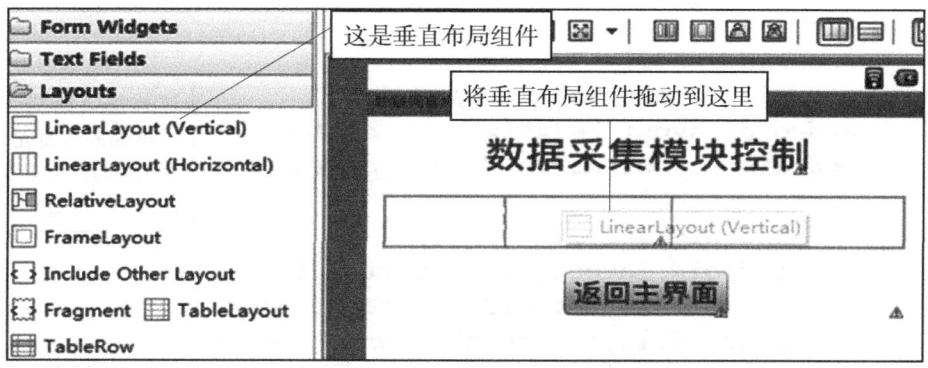

图 4-10　拖动垂直布局组件到水平布局组件中

```
<LinearLayout
    android:gravity="center"
    android:layout_marginTop="20dp"
    android:layout_height="wrap_content"
    android:layout_width="match_parent">
    <LinearLayout
        android:gravity="center"
        android:layout_marginLeft="20dp"
        android:layout_width="50dp"
        android:layout_height="50dp"
        android:orientation="vertical" >
    </LinearLayout>
</LinearLayout>
<Button
    android:id="@+id/fh"
    android:layout_width="wrap_content"
    android:layout_height="wrap_content"
    android:layout_marginTop="20dp"
    android:text="返回主界面"
    android:textSize="25dp"  />
```

这是水平布局，原来高度 50dp，现在设置为 wrap_content（自适应）

这是垂直布局设置：内部居中，左边距 20dp，高度、宽度都是 50dp

图 4-11　垂直布局组件和水平布局组件的代码设置

（5）拖动一个图片组件 ImageView 到图 4-12 的选框中，即垂直布局里面，弹出的图片选择框选中 nook，效果如图 4-13 所示。

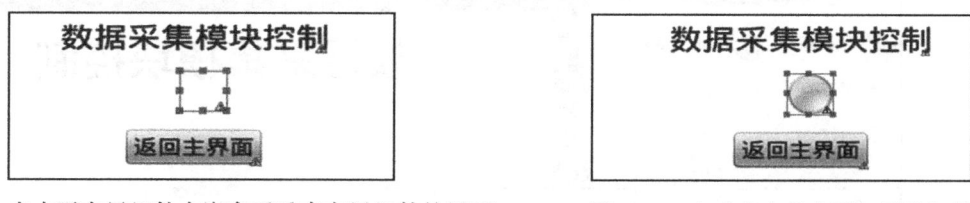

图 4-12　在水平布局组件中嵌套了垂直布局组件的界面　　图 4-13　在垂直布局中添加图片组件

（6）切换到代码视图，将垂直布局的宽度和高度都设置为 wrap_content（自适应）（原来是 50dp），同时设置图片组件 ImageView 的 id 为 android:id="@+id/mc"，如图 4-14 所示。

```xml
<LinearLayout
    android:gravity="center"
    android:layout_marginTop="20dp"
    android:layout_height="wrap_content"
    android:layout_width="match_parent">
    <LinearLayout
        android:gravity="center"
        android:layout_marginLeft="20dp"
        android:layout_width="wrap_content"
        android:layout_height="wrap_content"
        android:orientation="vertical" >

        <ImageView
            android:id="@+id/mc"
            android:layout_width="wrap_content"
            android:layout_height="wrap_content"
            android:src="@drawable/nook" />

    </LinearLayout>
</LinearLayout>
<Button
    android:id="@+id/fh"
    android:layout_width="wrap_content"
    android:layout_height="wrap_content"
    android:layout_marginTop="20dp"
    android:text="返回主界面"
    android:textSize="25dp" />
```

（这是垂直布局，原来宽度和高度都是50dp，现在都设置为wrap_content（自适应））

（这是图片组件，设置id为mc）

图4-14 垂直布局组件和图片组件的设置代码

（7）切换到图形界面设计视图，拖动一个文本组件TextView到图片下面，界面如图4-15所示。

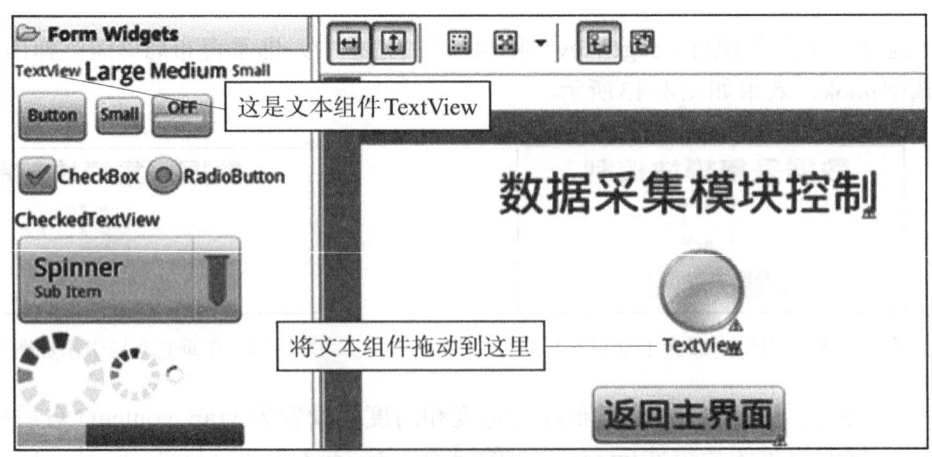

图4-15 在图片组件的下方添加文本组件

（8）切换到代码视图，设置文本组件TextView的字体大小为20dp，文本为"门磁"，如图4-16所示。

图4-16 门磁相关组件的代码设置

（9）复制图4-16代码，粘贴到图4-16所示代码的后面，再进行如下修改：
①图片组件ImageView的id为：android:id="@+id/rtgy"。
②文本组件TextView的文本为"人体感应"，如图4-17所示。

```
<LinearLayout
    android:gravity="center"
    android:layout_marginLeft="20dp"
    android:layout_width="wrap_content"
    android:layout_height="wrap_content"
    android:orientation="vertical" >
    <ImageView
        android:id="@+id/rtgy"
        android:layout_width="wrap_content"
        android:layout_height="wrap_content"
        android:src="@drawable/nook" />
    <TextView
        android:id="@+id/textView2"
        android:layout_width="wrap_content"
        android:layout_height="wrap_content"
        android:textSize="20dp"
        android:text="人体感应" />
</LinearLayout>
```
（这是"人体感应"图片，id为rtgy）
（这是"人体感应"文本）

图4-17 人体感应相关组件的代码设置

（10）切换到图形界面设计视图，如图4-18所示。

（11）在图形设计界面图4-18中，拖动一个按钮组件Button到人体感应图片的右边。切换到代码视图，按钮设置：id为bf、左边距为20dp、文本大小为25dp、文本为"布防"，如图4-19所示。切换到图形界面设计视图，效果如图4-20所示。

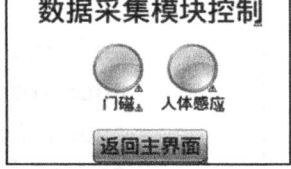

图4-18 添加了"门磁"和"人体感应"的数据采集模块控制界面

```
<LinearLayout
    android:gravity="center"
    android:layout_marginLeft="20dp"
    android:layout_width="wrap_content"
    android:layout_height="wrap_content"
    android:orientation="vertical" >
    <ImageView
        android:id="@+id/rtgy"
        android:layout_width="wrap_content"
        android:layout_height="wrap_content"
        android:src="@drawable/nook" />
    <TextView
        android:id="@+id/textView2"
        android:layout_width="wrap_content"
        android:layout_height="wrap_content"
        android:textSize="20dp"
        android:text="人体感应" />
</LinearLayout>
<Button
    android:id="@+id/bf"
    android:layout_marginLeft="20dp"
    android:layout_width="wrap_content"
    android:layout_height="wrap_content"
    android:textSize="25dp"
    android:text="布防" />
```
（这是"布防"按钮的设置）

图4-19 "布防"按钮的代码设置

（12）复制图4-20框选的"布防"一整行，然后粘贴，界面如图4-21所示。

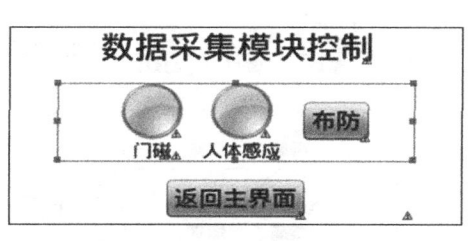

图4-20　布防界面效果

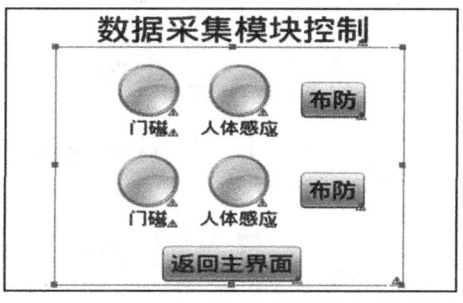

图4-21　复制一个布防界面

（13）在代码视图中，根据前面的方法，修改图4-21第二行组件设置：
①紫灯图片id为zd，文本显示为"紫灯"。
②黄灯图片id为hd，文本显示为"黄灯"。
③绿灯图片id为ld，文本显示为"绿灯"。
④按钮id为ggy，文本显示为"自动光感应"。
切换到图形界面设计视图，效果如图4-22所示。

（14）复制图4-22框选的"自动光感应"一整行，然后粘贴，通过拖动调整位置，效果如图4-23所示。

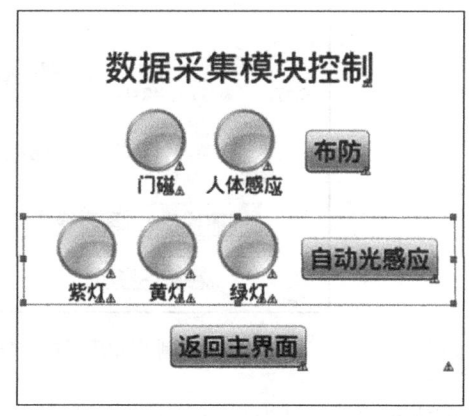

图4-22　通过修改复制的布防界面生成自动光感应界面

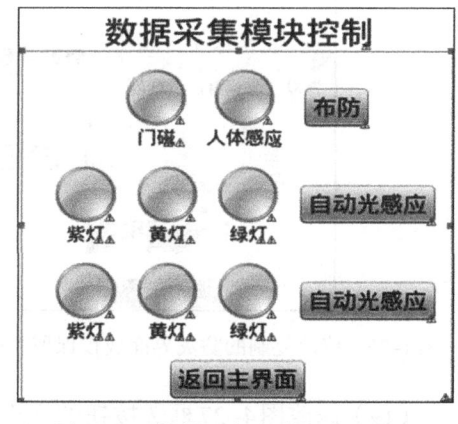

图4-23　复制一个自动光感应界面

（15）在代码视图中，根据前面的方法，修改图4-23第三行组件设置：
①雨露图片id为yl，文本显示为"雨露"。
②烟雾图片id为yw，文本显示为"烟雾"。
③火焰图片id为huo，文本显示为"火"。
④按钮id为fz，文本显示为"防灾"。
切换到图形界面设计视图，效果如图4-24所示。

（16）复制图4-24框选的"防灾"一整行，然后粘贴，通过拖动调整位置，效果如图4-25所示。

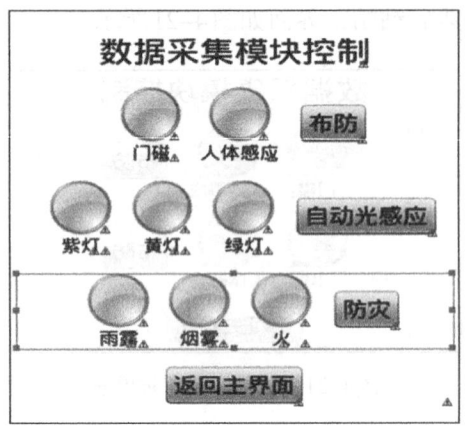
图4-24 通过修改复制的自动光感应界面生成防灾界面

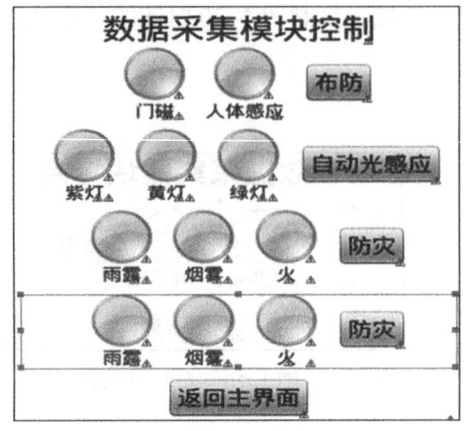
图4-25 复制一个防灾界面

（17）将图4-25框选部分"雨露、烟雾、火"对应的图片和文本删除。修改按钮的文本显示为"回家模式"，id为hjms，如图4-26所示。

（18）复制图4-26框选的"回家模式"按钮，然后粘贴，效果如图4-27所示。

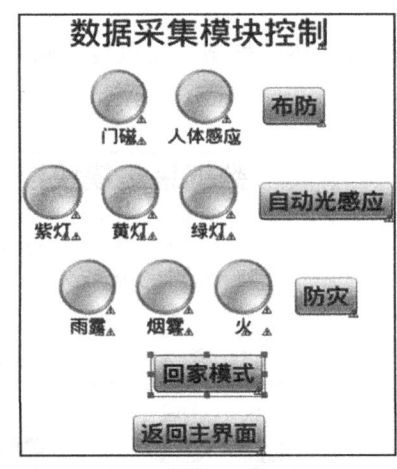
图4-26 修改复制的防灾界面成仅保留"回家模式"按钮

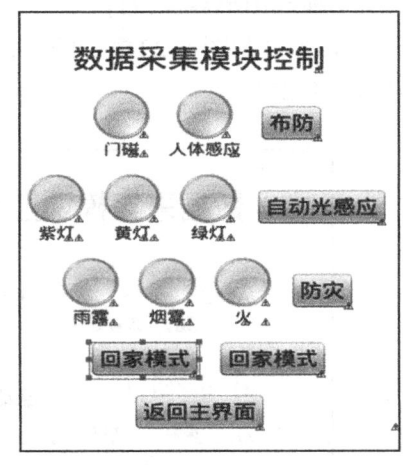
图4-27 复制"回家模式"按钮

（19）修改图4-27框选按钮的文本显示为"离家模式"，id为ljms。

（20）至此，数据采集模块控制界面设计完成，切换到图形界面设计视图，效果如图4-2所示（此图在任务一的任务描述中）。

任务一教学视频，可扫描如图4-28所示的二维码。

图4-28 "数据采集模块控制界面设计"教学视频二维码

任务二 主界面和"数据采集模块控制"界面之间跳转的编程

【任务描述】

编程实现以下功能：

（1）点击主界面中的"数据采集模块控制"按钮，进入到"数据采集模块控制"界面，同时传递主界面文本框中的ip地址和端口给"数据采集模块控制"界面，其中第一个输入框是ip地址，第二个输入框是端口。

（2）点击"数据采集模块控制"界面中的"返回主界面"按钮，回到主界面。

【任务实施】

（1）通过复制项目二灯光控制程序文件dgkz.java，粘贴生成"数据采集模块控制"程序文件sjcj.java。打开sjcj.java文件，修改如下：

①将onCreate事件上方的Handler ha1=new Handler()处理代码修改如下：

```
Handler ha1=new Handler(){//处理连接成功的代码
public void handleMessage(Message msg) {
TextView tx=(TextView)findViewById(R.id.textView1);
    tx.setText("数据采集模块控制"+"_已连接");
    //显示"数据采集模块控制"连接成功，
};};
```

②将onCreate事件中setContentView方法加载界面代码修改如下：

```
    setContentView(R.layout.sjcj);//加载"数据采集模块控制"界面
```

③onCreate事件中ha.postDelayed(ra,0)（启动连接）代码后面，仅保留"返回主界面"按钮点击侦听事件，其他代码删除，如图4-29所示。

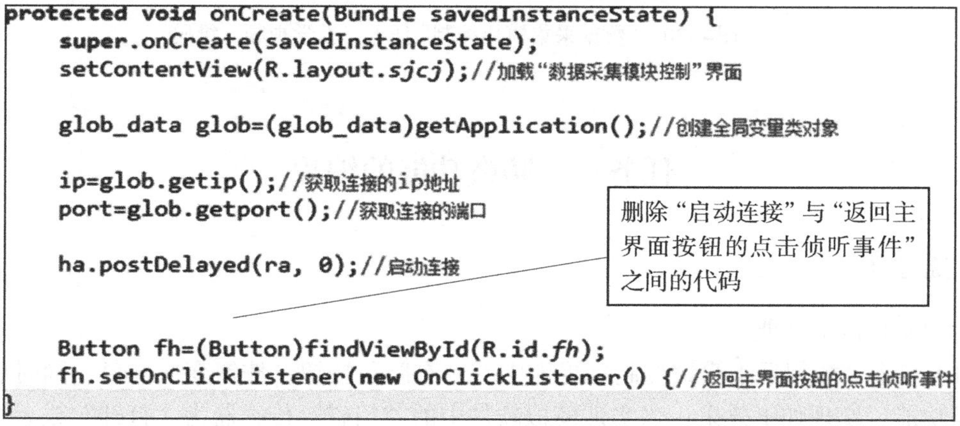

```
protected void onCreate(Bundle savedInstanceState) {
    super.onCreate(savedInstanceState);
    setContentView(R.layout.sjcj);//加载"数据采集模块控制"界面

    glob_data glob=(glob_data)getApplication();//创建全局变量类对象

    ip=glob.getip();//获取连接的ip地址
    port=glob.getport();//获取连接的端口

    ha.postDelayed(ra, 0);//启动连接


    Button fh=(Button)findViewById(R.id.fh);
    fh.setOnClickListener(new OnClickListener() {//返回主界面按钮的点击侦听事件
}
```

删除"启动连接"与"返回主界面按钮的点击侦听事件"之间的代码

图4-29 删除"启动连接"与"返回主界面按钮的点击侦听事件"之间的代码

（2）打开项目配置文件AndroidManifest.xml，添加sjcj.java文件的注册信息，代码如下：

```
<activity
    android:name="com.example.znjj1.sjcj"
    android:label="@string/app_name">
</activity>
```

"数据采集模块控制"文件sjcj.java的注册

（3）打开主界面程序文件MainActivity.java。在onCreate事件中给"数据采集模块控制"按钮添加点击事件，编写程序，实现点击按钮后跳转到相应的控制界面。代码如下：

```
Button sjcj=(Button)findViewById(R.id.sjcj);
sjcj.setOnClickListener(new OnClickListener() {
    @Override
    public void onClick(View v) {
        save_ip_port();//跳转到功能界面之前，保存最新的ip地址和端口号到全局变量
        //MainActivity界面跳转到sjcj界面:MainActivity.this→sjcj.class
            //跳转到数据采集模块控制界面
        Intent intent=new Intent(MainActivity.this,sjcj.class);
        startActivity(intent);
    }
});
```

任务二教学视频，可扫描如图4-30所示的二维码。

图4-30 "数据采集模块控制"任务二教学视频二维码

任务三 防盗功能的编程

【任务描述】

编程实现以下功能：

（1）点击"数据采集模块控制"界面中的"布防"按钮，按钮变成红色，同时启动自动防盗功能，实现如下效果：当实训模拟软件中的"门磁"传感器为"打开"或者"人体

感应"传感器为"有人"时,与之对应的图变成红色,同时发出警报声;当实训模拟软件中的"门磁"传感器为"关闭"或者"人体感应"传感器为"无人"时,与之对应的图变成灰色,警报声消失。

(2)当"布防"按钮为红色时,点击"布防"按钮,按钮变成灰色,自动防盗功能停止。

【任务实施】

(1)打开数据采集模块程序文件sjcj.java,修改onCreate事件上方的Runnable对象的连接框架代码,在连接成功的情况下,每隔3s获取数据采集模块上in0~in5所接的状态传感器信息,然后通过消息机制发送给handler进行异步处理。修改后的程序代码和代码分析如下:

```java
Runnable ra=new Runnable(){@Override
public void run() {
    //Thread为线程,涉及socket通信类的操作都要在线程里面执行
    new Thread(){public void run() {
        if(conn_success==false)//没有连接成功就连接
        {
            msocket=new mysocket(ip,port);//ip地址+端口作为连接参数
            conn_success=msocket.isconnect();//连接
        }
        else//连接成功
        { /*线程里面不能直接修改UI组件的属性,例如TextView的文本
                必须用handler异步处理机制,通过发送Message实现*/
            Message ms=new Message();
            ms.obj="连接成功";
            ha1.sendMessage(ms);//触发ha1的异步处理

            if(flg==true) return;
            flg=true;//执行程序就上锁
            //发送获取数据采集模块状态传感信息的命令
            msocket.sendMsg("0FGIO");
            try {
                Thread.sleep(200);//延迟200ms
            } catch (InterruptedException e) {
                e.printStackTrace();
            }
```

```
        //接收返回的信息
        String recstr=new String(msocket.recvMsg()).trim();

        ms=new Message();//新建消息
        //返回的正常信息共11位,如:OFIO=011111
        if(recstr.length()==11)
           {ms.obj=recstr.substring(recstr.indexOf("=")+1,
                                  recstr.indexOf("=")+7);}
        /*取"="号后面的6位二进制字符,就是6个状态传感器的状态值,
           将其赋给消息的obj*/
        ha2.sendMessage(ms);//触发ha2异步处理
        flg=false;//执行完毕就解锁
    }
};}.start();//start() 启动线程
ha.postDelayed(this, 3000);//每隔3s执行一次
}};//Runnable+Handler 产生定时执行机制
```

（2）在上面（1）代码的上面，即Runnable ra=new Runnable()的上面，添加是否开启"防盗""自动光感应""防灾"功能的变量，创建媒体对象MediaPlayer用于播放警报声，具体代码如下：

```
boolean bf_flg=false,ggy_flg=false,fz_flg=false;
//bf_flg标记是否开启防盗功能
//ggy_flg标记是否开启自动光感应功能
//fz_flg标记是否开启防灾功能
MediaPlayer mp;//定义媒体对象,用于播放警报声
```

（3）在sjcj.java文件的onCreate事件中加载警报声。加载警报声的代码放在启动连接代码ha.postDelayed(ra, 0)的前面，具体代码和代码分析如下：

```
//创建媒体对象实例,加载警报声R.drawable.bj
mp=MediaPlayer.create(sjcj.this, R.drawable.bj);
mp.setLooping(true);//设置警报声循环播放
mp.start();//先开启警报声
mp.pause();//然后马上暂停警报声,等待后面触发
//以上为加载警报声音的代码
ha.postDelayed(ra, 0);//启动连接代码
```

（4）在上面(1)代码的后面接着新建一个handler，即ha2，用于处理发送过来的in0～in5所接的6个状态传感器的信息，分别是：

in0：光照传感器：有光为0，无光为1

in1：火焰传感器：有火为1，无火为0

in2：门磁：分开为1，合上为0

in3：人体感应传感器（热释电）：有人为1，无人为0

in4：烟雾传感器：有烟雾为1，无烟雾为0

in5：雨露传感器：有雨露为1，无雨露为0

handler的handleMessage处理事件将根据信息改变对应图片的颜色和警报声的控制。handleMessage处理事件程序代码和代码分析如下：

```java
Handler ha2=new Handler(){//处理发送过来的状态传感器的信息
public void handleMessage(Message msg) {
    String recstr=msg.obj.toString();//获取发送过来的字符串
    if(recstr.length()==6)//正常的字符信息是6位：in0～in5
    {
        if(bf_flg)//防盗功能启动标记为true,说明防盗功能启动
        {
            boolean mc_flg=false,rtgy_flg=false;
            //mc_flg标记门磁传感器,rtgy_flg标记人体感应传感器

            //门磁传感器对应的图片id为mc
            ImageView mc=(ImageView)findViewById(R.id.mc);
            if(recstr.substring(2,3).equals("1"))//取第2位，是门磁传感器的值
            {
                mc.setImageResource(R.drawable.ok);//值等于1,图片为红色
                mc_flg=true;//标记门磁传感器变量为true
            }
            else
            {
                mc.setImageResource(R.drawable.nook);//值等于0,图片为灰色
                mc_flg=false;//标记门磁传感器变量为false
            }
            //人体感应传感器对应的图片id为rtgy
            ImageView rtgy=(ImageView)findViewById(R.id.rtgy);
            //取第4位，是人体感应传感器的值
            if(recstr.substring(3,4).equals("1"))
            {
```

```
            rtgy.setImageResource(R.drawable.ok);
            rtgy_flg=true;//标记人体感应传感器变量为true
          }
        else
          {
            rtgy.setImageResource(R.drawable.nook);
            rtgy_flg=false;//标记人体感应传感器变量为false
          }
        mp.pause();//先暂停警报声
        //如果标记门磁传感器或者人体感应传感器的变量为true，就播放警报声
        if((mc_flg==true)||(rtgy_flg==true))
          {mp.start();//播放警报声 }
        }
      }
};};
```

（5）在sjcj.java文件的onCreate事件中给"布防"按钮添加点击事件，编写程序，实现点击按钮后启动或停止防盗功能。具体代码和代码分析如下：

```
//布防按钮的id为bf
final Button bf=(Button)findViewById(R.id.bf);
bf.setOnClickListener(new OnClickListener() {
    @Override
    public void onClick(View v) {
        if(bf_flg==false)//如果标记防盗功能的变量为false
        {
            bf_flg=true;//将标记防盗功能的变量设置为true，开启防盗功能
            bf.setBackgroundColor(Color.RED);//布防按钮背景色变成红色
        }
        else//如果标记防盗功能的变量为true
        {
            bf_flg=false;//将标记防盗功能的变量设置为false，关闭防盗功能
            bf.setBackgroundColor(Color.GRAY);//布防按钮背景色变成灰色

            //在防盗功能关闭的情况下，门磁、人体感应对应的图片都变成灰色，暂停报警声
            //门磁传感器图片的id为mc
            ImageView mc=(ImageView)findViewById(R.id.mc);/
            mc.setImageResource(R.drawable.nook);//图片变成灰色
```

```
            //人体感应传感器图片的id为rtgy
            ImageView rtgy=(ImageView)findViewById(R.id.rtgy);
            rtgy.setImageResource(R.drawable.nook);//图片变成灰色
            mp.pause();//暂停报警声
        }
    }
});
```

任务三的教学视频，可扫描如图4-31所示的二维码。

图4-31 "数据采集模块控制"任务三教学视频二维码

任务四　自动光感应功能的编程

【任务描述】

编程实现以下功能：

（1）点击"数据采集模块控制"界面中的"自动光感应灯"按钮，按钮变成红色，同时启动自动光感应灯功能：当实训模拟软件中的"光照"传感器为"有光"时，智能模块中的紫灯、黄灯、绿灯全亮，与之对应的图变成红色；当实训模拟软件中的"光照"传感器为"无光"时，智能模块中的紫灯、黄灯、绿灯全灭，与之对应的图变成灰色。

（2）当"自动光感应灯"按钮为红色时，点击"自动光感应灯"按钮，按钮变成灰色，自动光感应灯功能停止。

【任务实施】

（1）打开数据采集模块程序文件sjcj.java，在Handler ha2=new Handler()的handleMessage处理事件中，添加实现自动光感应功能的程序代码。具体的程序代码和代码分析如下：

```
Handler ha2=new Handler(){//处理发送过来的状态传感器的信息
    public void handleMessage(Message msg) {
        String recstr=msg.obj.toString();//获取发送过来的字符串
        if(recstr.length()==6)//正常的字符信息是6位：in0～in5
        {
```

```java
/*这里是实现"防盗功能"的代码,即任务三的程序代码,此处省略*/

if(ggy_flg)//自动光感应功能启动标记为true,说明启动自动光感应功能
    {
        //紫灯图片id为zd
        ImageView zd=(ImageView)findViewById(R.id.zd);
        //黄灯图片id为hd
        ImageView hd=(ImageView)findViewById(R.id.hd);
        //绿灯图片id为ld
        ImageView ld=(ImageView)findViewById(R.id.ld);
            //取第1位,是光照传感器的值
        if(recstr.substring(0, 1).equals("1"))
            {//值等于1,所有灯的图片都变为灰色
                zd.setImageResource(R.drawable.nook);
                hd.setImageResource(R.drawable.nook);
                ld.setImageResource(R.drawable.nook);
            }
        else
            {//值等于0,所有灯的图片都变为红色
                zd.setImageResource(R.drawable.ok);
                hd.setImageResource(R.drawable.ok);
                ld.setImageResource(R.drawable.ok);
            }
    }
};};
```

（2）在sjcj.java文件的onCreate事件中给"自动光感应"按钮添加点击事件,编写程序,实现点击按钮后启动或停止自动光感应功能。具体代码和代码分析如下:

```java
//自动光感应按钮的id为ggy
final Button ggy=(Button)findViewById(R.id.ggy);
gjy.setOnClickListener(new OnClickListener() {
    @Override
    public void onClick(View v) {
     if(ggy_flg==false)//如果标记自动光感应功能的变量为false
        {
            ggy_flg=true;//将标记自动光感应功能的变量设置为true,开启自动光感应功能
```

```
                ggy.setBackgroundColor(Color.RED);//自动光感应按钮背景颜色变成红色
            }
        else//如果标记自动光感应功能的变量为true
            {
                ggy_flg=false;//标记自动光感应功能的变量设置为false,关闭自动光感应功能
                ggy.setBackgroundColor(Color.GRAY);//自动光感应按钮背景颜色变成灰色
                //在自动光感应功能关闭的情况下,紫灯、黄灯、绿灯对应的图片都变成灰色
                ImageView zd=(ImageView)findViewById(R.id.zd);//紫灯图片id为zd
                zd.setImageResource(R.drawable.nook);//图片变成灰色
                ImageView hd=(ImageView)findViewById(R.id.hd);//黄灯图片id为hd
                hd.setImageResource(R.drawable.nook);//图片变成灰色
                ImageView ld=(ImageView)findViewById(R.id.ld);//绿灯图片id为ld
                ld.setImageResource(R.drawable.nook);//图片变成灰色
            }
    }
});
```

任务五　防灾功能的编程

【任务描述】

编程实现以下功能：

（1）点击"数据采集模块控制"界面中的"防灾"按钮，按钮变成红色，同时启动自动防灾功能：

①当实训模拟软件中的"雨露"传感器为"有雨露"时，窗（窗帘）关上，与之对应的图变成红色；当实训模拟软件中的"雨露"传感器为"无雨露"时，窗（窗帘）打开，与之对应的图变成灰色。

②当实训模拟软件中的"火焰"传感器为"有火"或者"烟雾"传感器为"有烟雾"时，与之对应的图变成红色，同时发出连续的警报声；当实训模拟软件中的"火焰"传感器为"无火"或者"烟雾"传感器为"无烟雾"时，与之对应的图变成灰色，警报声消失。

（2）当"防灾"按钮为红色时，点击"防灾"按钮，按钮变成灰色，自动防灾功能停止。

【任务实施】

（1）打开数据采集模块程序文件sjcj.java，在Handler ha2=new Handler()的handleMessage处理事件中，添加实现防灾功能的程序代码。具体的程序代码和代码分析如下：

```java
Handler ha2=new Handler(){//处理发送过来的状态传感器的信息
public void handleMessage(Message msg) {
    String recstr=msg.obj.toString();//获取发送过来的字符串
    if(recstr.length()==6)//正常的字符信息是6位：in0~in5
    {
        /*这里是实现"防盗功能""自动光感应"功能的代码，即任务三、任务四的程序代码，此处省略*/

        if(fz_flg)//防灾功能启动标记为true,说明防灾功能启动
        {
            //雨露传感器图片的id为yl
            ImageView yl=(ImageView)findViewById(R.id.yl);
            if(recstr.substring(5, 6).equals("1"))//取第6位，是雨露传感器的值
            {
                yl.setImageResource(R.drawable.ok);//值等于1,有雨露,图片为红色
                new Thread(){
                    public void run() {
                        msocket.sendMsg("0FS001");//有雨露,发送关窗（窗帘）命令
                    };
                }.start();
            }
            else
            {
                yl.setImageResource(R.drawable.nook);//值等于0,无雨露,图片为灰色
                new Thread(){
                    public void run() {
                        msocket.sendMsg("0FS010");//无雨露,发送开窗（窗帘）命令
                    };
                }.start();
            }
            //yw_flg标记烟雾传感器,huo_flg标记火焰传感器
            boolean yw_flg=false,huo_flg=false;
            //烟雾传感器对应的图片id为yw
            ImageView yw=(ImageView)findViewById(R.id.yw);
            if(recstr.substring(4, 5).equals("1"))//取第5位，是烟雾传感器的值
            {
                yw.setImageResource(R.drawable.ok);//值等于1, 有烟雾,图片为红色
                yw_flg=true;//标记烟雾传感器变量为true
```

```
                    }
                else
                {
                    yw.setImageResource(R.drawable.nook);//值等于0，无烟雾，图片为灰色
                    yw_flg=false;//标记烟雾传感器变量为false
                }
                //火焰传感器对应的图片id为huo
                ImageView huo=(ImageView)findViewById(R.id.huo);
                if(recstr.substring(1, 2).equals("1"))//取第2位，是火焰传感器的值
                {
                    huo.setImageResource(R.drawable.ok);//值等于1，有火，图片为红色
                    huo_flg=true;//标记火焰传感器变量为true
                }
                else
                {
                    huo.setImageResource(R.drawable.nook);//值等于0，无火，图片为灰色
                    huo_flg=false;//标记火焰传感器变量为false
                }
                //如果标记烟雾传感器或者火焰传感器的变量为真，就播放警报声
                if((yw_flg==true)||(huo_flg==true))
                {
                    mp.pause();//先暂停
                    mp.start();//再启动
                }
            }
        }
};};
```

（2）在sjcj.java文件的onCreate事件中给"防灾"按钮添加点击事件，编写程序，实现点击按钮后启动或停止防灾功能。具体代码和代码分析如下：

```
//防灾按钮的id为fz
final Button fz=(Button)findViewById(R.id.fz);
fz.setOnClickListener(new OnClickListener() {
    @Override
    public void onClick(View v) {
        if(fz_flg==false)//如果标记防灾功能的变量为false
        {
```

```
                fz_flg=true;//将标记防灾功能的变量设置为true，开启防灾功能
                fz.setBackgroundColor(Color.RED);//防灾按钮背景颜色变成红色
            }
            else
            {
                fz_flg=false;//将标记防灾功能的变量设置为false，开启防灾功能
                fz.setBackgroundColor(Color.GRAY);//防灾按钮背景颜色变成灰色
                /*在防灾功能关闭的情况下，雨露、烟雾、火焰传感器对应的图片都变成灰色，
                  暂停报警声*/
                //雨露传感器图片的id为yl
                ImageView yl=(ImageView)findViewById(R.id.yl);
                yl.setImageResource(R.drawable.nook);//图片变成灰色
                //烟雾传感器图片的id为yw
                ImageView yw=(ImageView)findViewById(R.id.yw);
                yw.setImageResource(R.drawable.nook);//图片变成灰色
                //火焰传感器图片的id为huo
                ImageView huo=(ImageView)findViewById(R.id.huo);
                huo.setImageResource(R.drawable.nook);//图片变成灰色
                mp.pause();//暂停报警声
            }
        }
    });
```

任务三、四、五的教学视频，可扫描如图4-32所示的二维码。

图4-32 "数据采集模块控制"任务三、四、五教学视频二维码

任务六 离家/回家模式的编程

【任务描述】

编程实现以下功能：

（1）点击"数据采集模块控制"界面中"离家模式"按钮，"布防""防灾"按钮变成红色，同时开启防盗、防灾功能。

（2）点击"数据采集模块控制"界面中"回家模式"按钮，"布防""防灾"按钮变成灰色，同时停止防盗、防灾功能。

【任务实施】

（1）在sjcj.java文件的onCreate事件中给"离家模式"按钮添加点击事件，编写程序，实现离家模式功能。具体代码和代码分析如下：

```java
    //"离家模式"按钮的id为ljms
Button ljms=(Button)findViewById(R.id.ljms);
ljms.setOnClickListener(new OnClickListener() {
    @Override
    public void onClick(View v) {
        bf_flg=true;//将标记防盗功能的变量设置为true，开启防盗功能
        bf.setBackgroundColor(Color.RED);//将"布防"按钮背景色变成红色

        fz_flg=true;//将标记防灾功能的变量设置为true，开启防灾功能
        fz.setBackgroundColor(Color.RED);//将"防灾"按钮背景色变成红色
    }
});
```

（2）在sjcj.java文件的onCreate事件中给"回家模式"按钮添加点击事件，编写程序，实现回家模式功能。具体代码和代码分析如下：

```java
Button hjms=(Button)findViewById(R.id.hjms);
    hjms.setOnClickListener(new OnClickListener() {
        @Override
        public void onClick(View v) {
            bf_flg=false;//将标记防盗功能的变量设置为false，关闭防盗功能
            bf.setBackgroundColor(Color.GRAY);//"布防"按钮背景色变成灰色
            /*在防盗功能关闭的情况下，门磁、人体感应传感器对应的图片都变成灰色，暂
              停报警声*/
```

```
        ImageView mc=(ImageView)findViewById(R.id.mc);
        mc.setImageResource(R.drawable.nook);//门磁传感器图片变成灰色
        ImageView rtgy=(ImageView)findViewById(R.id.rtgy);
        rtgy.setImageResource(R.drawable.nook);//人体感应传感器图片变成灰色

        fz_flg=false;//将标记防灾功能的变量设置为false,关闭防灾功能
        fz.setBackgroundColor(Color.GRAY);//"防灾"按钮背景色变成灰色
        /*在防灾功能关闭的情况下,雨露、烟雾、火焰传感器对应的图片都变成灰色,
          暂停报警声*/
        ImageView yl=(ImageView)findViewById(R.id.yl);
        yl.setImageResource(R.drawable.nook);//雨露传感器图片变成灰色
        ImageView yw=(ImageView)findViewById(R.id.yw);
        yw.setImageResource(R.drawable.nook);//烟雾传感器图片变成灰色
        ImageView huo=(ImageView)findViewById(R.id.huo);
        huo.setImageResource(R.drawable.nook);//火焰传感器图片变成灰色
        mp.pause();//暂停报警声
        }
});
```

任务六的教学视频,可扫描如图4-33所示的二维码。

图4-33 "数据采集模块控制"任务六教学视频二维码

【项目评价】

任务	要求	权重	评价
界面设计	按要求完成主界面、"数据采集模块控制"界面的设计	10%	
主界面和功能界面之间跳转的编程	点击主界面中的"数据采集模块控制"按钮,能正常跳转到"数据采集模块控制"界面;点击"数据采集模块控制"界面中的"返回主界面"按钮,能正常返回主界面	5%	

续上表

任务	要求	权重	评价
防盗功能编程	当启动防盗功能的时候，能根据门磁、人体感应传感器的状态值准确实现防盗警报，以及图标警示	25%	
自动光感应功能编程	当启动自动光感应功能的时候，光照传感器显示有光时，"数据采集模块控制"界面中紫、黄、绿灯对应的图标变成红色，否则变成灰色	10%	
防灾功能编程	当启动防灾功能的时候，能根据火焰、烟雾传感器的状态值准确实现防灾警报，以及图标警示；根据雨露传感器的状态值，能准确自动开关窗户，同时图标能体现天气的状态	25%	
离家、回家模式编程	点击"离家模式"按钮，启动防盗、防灾功能；点击"回家模式"按钮，关闭防盗、防灾功能	15%	
学习表现	考察学生的学习态度和学习能力	10%	

【项目总结】

本项目主要讲解了数据采集模块所接的状态传感器和开关的作用及特点，以及获取6个状态传感器值和控制开关的编程方法；讲解了布防功能、自动光感应功能、防灾功能、回家/离家模式的编程方法等内容。学生通过本项目的学习，掌握数据采集模块编程控制的同时，在上一个项目的基础上进一步巩固socket通信编程的架构和字符串处理的编程方法，为下一个项目的学习打下坚实的基础。

【思考和练习】

（1）MediaPlayer对象能否播放视频？编程如何实现？

（2）图片、声音等素材可以放在程序项目的哪些目录中？如何引用？

（3）在使用mysocket类的方法时，程序突然闪退是什么原因？

（4）尝试编程获取温、湿度传感器的值，并通过调试窗口LogCat输出。

项目五　模拟温室大棚

【项目概述】

通过上一个项目的学习，我们知道物联网实训模拟软件上的数据采集模块上共有6个in接口in0～in5，其中in0上接的是光照传感器。数据采集模块上还有4个AD接口，其中AD0和AD1接空，AD2和AD3分别接了温度和湿度2个数值传感器，所谓数值传感器就是取值可以是N个数值，而不是像状态传感器一样只有0或1，可以是2，3，4……或其他数值。数据采集模块上还有开关1、2、3，其作用跟智能开关模块一样，其中开关1接的是风扇，开关2和3分别控制窗（窗帘）的开和关。本项目主要介绍通过编程实现模拟温室大棚的功能：全天候光合作用，以及控制温度和湿度在指定的范围内。

【学习目标】

（1）掌握主界面、温室大棚界面的设计方法，以及实现界面之间跳转的编程方法。

（2）熟悉数据采集模块的接口，以及接口所接传感器的作用和特点，掌握获取6个状态传感器值的编程方法。

（3）进一步巩固在线程Thread中使用Handler对象消息处理机制改变UI状态的编程方法。

（4）掌握控制光照的编程方法。

（5）掌握获取并处理温度和湿度信息的编程方法。

（6）掌握控制湿度的编程方法。

（7）掌握控制温度的编程方法。

任务一　界面设计

【任务描述】

（1）在项目四主界面的基础上添加"温室大棚"按钮，效果如图5-1所示。

（2）"温室大棚"界面的设计，效果如图5-2所示。

项目五　模拟温室大棚

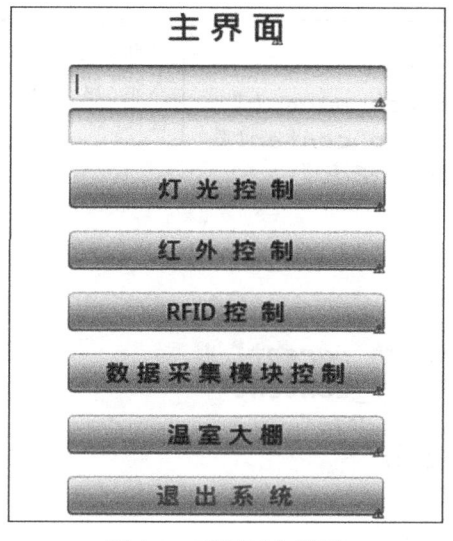

图5-1　项目五主界面

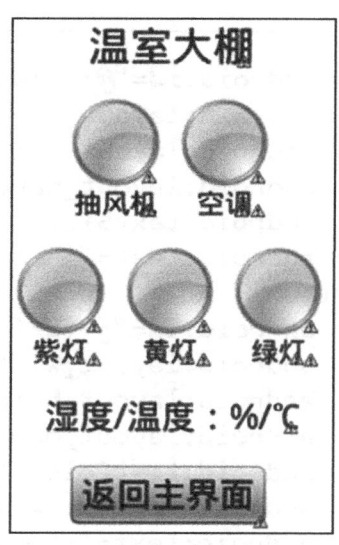

图5-2　"温室大棚"界面

【任务实施】

（1）给主界面添加"温室大棚"按钮。打开主界面文件activity_main.xml，切换到代码视图，复制"数据采集模块控制"按钮的设置代码，如图5-3所示。然后粘贴代码到"数据采集模块控制"按钮设置代码的下方，修改id和文本属性：android:id="@+id/wsdp"和android:text="温室大棚"，如图5-4所示。

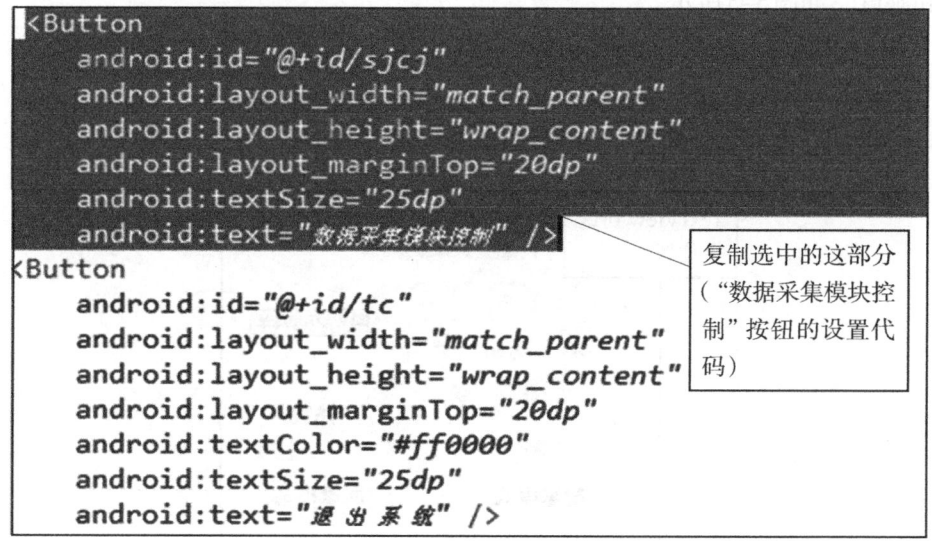

图5-3　复制"数据采集模块控制"按钮的设置代码

```
<Button
    android:id="@+id/wsdp"
    android:layout_width="match_parent"
    android:layout_height="wrap_content"
    android:layout_marginTop="20dp"
    android:textSize="25dp"
    android:text="温室大棚" />
<Button
    android:id="@+id/tc"
    android:layout_width="match_parent"
    android:layout_height="wrap_content"
    android:layout_marginTop="20dp"
    android:textColor="#ff0000"
    android:textSize="25dp"
    android:text="退出系统" />
```

这部分是"温室大棚"按钮的设置代码

图5-4 "温室大棚"按钮的设置代码

主界面设计完成，切换到图形界面设计视图，效果如图5-1所示（此图位于任务一的任务描述中）。

（2）创建"温室大棚"界面xml文件。通过复制项目四数据采集模块界面文件sjcj.xml，粘贴生成"温室大棚"界面wsdp.xml文件。切换到wsdp.xml图形界面设计视图，拖动一个文本组件TextView到"离家模式"按钮和"回家模式"按钮之间，用于显示当前的温度和湿度，如图5-5所示。

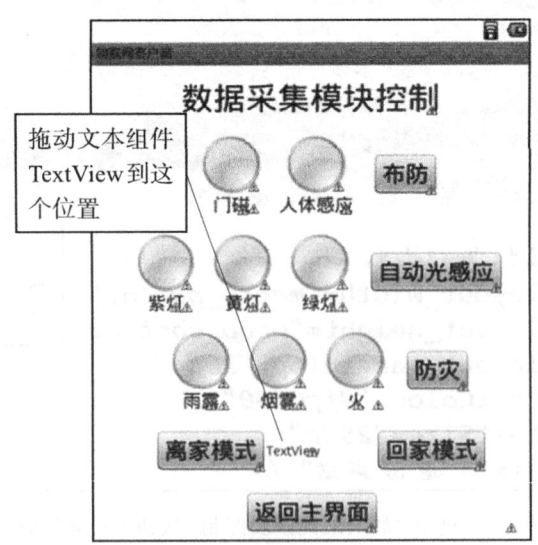

图5-5 拖动文本组件到"离家模式"和"回家模式"按钮中间

（3）切换到代码视图，修改"数据采集模块控制"文本为"温室大棚"。同时对图5-5中显示温度和湿度的文本TextView做以下设置：id为wsd、字体大小为25dp、文本为"湿度/温度：%/℃"，如图5-6所示。

```
<TextView
    android:id="@+id/wsd"
    android:layout_width="wrap_content"
    android:layout_height="wrap_content"
    android:textSize="25dp"
    android:text="湿度/温度：%/℃" />
```
这是显示温度和湿度文本的设置

图5-6　显示温度和湿度文本的设置代码

（4）切换到图形界面设计视图，删除图5-7框选部分，得到图5-8。

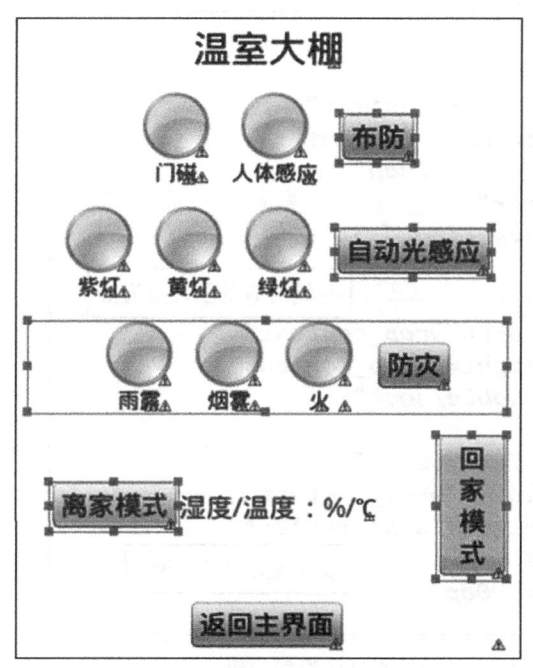

图5-7　框选多个组件

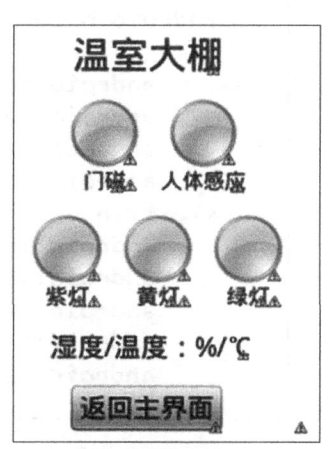

图5-8　删除框选的组件

（5）切换到代码视图，修改图5-8中的"门磁""人体感应"文本为"抽风机""空调"。对应的图片的id修改为"cfj""kt"，如图5-9所示。

```xml
<LinearLayout
    android:layout_width="wrap_content"
    android:layout_height="wrap_content"
    android:layout_marginLeft="20dp"
    android:gravity="center"
    android:orientation="vertical" >
    <ImageView
        android:id="@+id/cfj"
        android:layout_width="wrap_content"
        android:layout_height="wrap_content"
        android:src="@drawable/nook" />
    <TextView
        android:id="@+id/TextView01"
        android:layout_width="wrap_content"
        android:layout_height="wrap_content"
        android:text="抽风机"
        android:textSize="20dp" />
</LinearLayout>
<LinearLayout
    android:layout_width="wrap_content"
    android:layout_height="wrap_content"
    android:layout_marginLeft="20dp"
    android:gravity="center"
    android:orientation="vertical" >
    <ImageView
        android:id="@+id/kt"
        android:layout_width="wrap_content"
        android:layout_height="wrap_content"
        android:src="@drawable/nook" />
    <TextView
        android:id="@+id/TextView01"
        android:layout_width="wrap_content"
        android:layout_height="wrap_content"
        android:text="空调"
        android:textSize="20dp" />
</LinearLayout>
```

注释说明：
- 抽风机对应的图片id为cfj
- 文本显示为"抽风机"
- 空调对应的图片id为kt
- 文本显示为"空调"

图5-9 "抽风机"和"空调"相关组件的设置代码

（6）至此，"温室大棚"界面设计完成，切换到图形界面设计视图，效果如图5-2所示（此图在任务一的任务描述中）。

任务一教学视频，可扫描如图5-10所示的二维码。

图5-10 "温室大棚"界面设计教学视频二维码

任务二 主界面和"温室大棚"界面之间跳转的编程

【任务描述】

编程实现以下功能：

（1）点击主界面中的"温室大棚"按钮，进入到"温室大棚"界面，同时传递主界面文本框中的ip地址和端口给"温室大棚"界面，其中第一个输入框是ip地址，第二个输入框是端口。

（2）点击"温室大棚"界面中的"返回主界面"按钮，回到主界面。

【任务实施】

（1）通过复制项目四数据采集模块程序文件sjcj.java，粘贴生成温室大棚程序文件wsdp.java。打开wsdp.java文件，修改如下：

①将onCreate事件上方的Handler ha1=new Handler()处理代码修改如下：

```
Handler ha1=new Handler(){//处理连接成功的代码
public void handleMessage(Message msg) {
TextView tx=(TextView)findViewById(R.id.textView1);
    tx.setText("温室大棚"+"_已连接");
    //显示"温室大棚"连接成功,
};};
```

②将onCreate事件中setContentView方法加载界面代码修改如下：

```
setContentView(R.layout.wsdp);//加载"温室大棚"界面
```

③onCreate事件中ha.postDelayed(ra,0)（启动连接）代码后面，仅保留"返回主界面"按钮点击侦听事件，其他代码删除，如图5-11所示。

```
protected void onCreate(Bundle savedInstanceState) {
    super.onCreate(savedInstanceState);
    setContentView(R.layout.wsdp);//加载"温室大棚"界面

    glob_data glob=(glob_data)getApplication();//创建全局变量类对象

    ip=glob.getip();//获取连接的ip地址
    port=glob.getport();//获取连接的端口

    ha.postDelayed(ra, 0);//启动连接

    Button fh=(Button)findViewById(R.id.fh);
    fh.setOnClickListener(new OnClickListener() {//"返回主界面"按钮的点击侦听事件
}
```

（原来这里是有创建媒体MediaPlayer对象实例加载警报声的代码，也删除）

（删除"启动连接"与"'返回主界面'按钮的点击侦听事件"之间的代码）

图5-11 onCreate事件程序代码

（2）打开项目配置文件AndroidManifest.xml，添加wsdp.java文件的注册信息，代码如下：

```xml
<activity
    android:name="com.example.znjj1.wsdp"
    android:label="@string/app_name">
</activity>
```

"温室大棚"文件 wsdp.java的注册

（3）打开主界面程序文件MainActivity.java。在onCreate事件中给"温室大棚"按钮添加点击事件，编写程序，实现点击按钮后跳转到相应的控制界面。代码如下：

```java
Button wsdp=(Button)findViewById(R.id.wsdp);
    wsdp.setOnClickListener(new OnClickListener() {
        @Override
        public void onClick(View v) {
        save_ip_port();//跳转到功能界面之前，保存最新的ip地址和端口号到全局变量
        //MainActivity界面跳转到wsdp界面：MainActivity.this→wsdp.class
            //跳转到数据采集模块界面
        Intent intent=new Intent(MainActivity.this,wsdp.class);
        startActivity(intent);
        }
    });
```

（4）在onCreate事件中，"返回主界面"按钮的点击侦听事件，删除停止警报声的代码mp.stop()，在返回主界面之前关闭声响，代码和代码分析如下：

```java
Button fh=(Button)findViewById(R.id.fh);
    fh.setOnClickListener(new OnClickListener() {
        @Override
        public void onClick(View v) {
            new Thread(){@Override
            public void run() {
                /*这里原来有停止声音的代码mp.stop()，要删除*/
                while(flg==true){}//如果有上锁，用循环等待解锁完毕再执行退出
                /*后面的程序代码省略*/
            }}.start();
        }
    });
```

任务二教学视频，可扫描如图5-12所示的二维码。

图5-12 "温室大棚"任务二教学视频二维码

任务三 加强光合作用的编程

【任务描述】

编程实现以下功能：温室大棚主要用于人工养殖蔬菜，光合作用对植物的生长是一个非常重要的指标。当数据采集模块上的"光照传感器"感应到"无光"的时候，说明目前的自然光照不足，自动开启黄灯、紫灯、绿灯加强光照，同时对应的图变为红色；当数据采集模块上的"光照传感器"感应到"有光"的时候，说明目前的自然光照充足，自动关闭黄灯、紫灯、绿灯，同时对应的图变为灰色。

【任务实施】

（1）打开"温室大棚"程序文件wsdp.java，修改onCreate事件上方的Runnable对象的连接框架代码，在连接成功的情况下，每隔3s获取数据采集模块上in0～in5所接的状态传感器信息以及AD2和AD3所接的温度传感器和湿度传感器的数值,然后通过消息机制发送给handler进行异步处理。修改后的程序代码和代码分析如下：

```java
Runnable ra=new Runnable(){@Override
public void run() {
    //Thread为线程，涉及socket通信类的操作都要在线程里面执行
    new Thread(){public void run() {
        if(conn_success==false)//没有连接成功就连接
        {
            msocket=new mysocket(ip,port);//ip地址+端口作为连接参数
            conn_success=msocket.isconnect();//连接
        }
        else//连接成功
        { /*线程里面不能直接修改UI组件的属性，例如TextView的文本
            必须用handler异步处理机制，通过发送Message实现*/
            Message ms=new Message();
```

```
ms.obj="连接成功";
ha1.sendMessage(ms);//触发ha1的异步处理


if(flg==true) return;
flg=true;//执行程序就上锁
//发送获取数据采集模块状态传感信息的命令
msocket.sendMsg("0FGIO");
try {
            Thread.sleep(200);//延迟200ms
    } catch (InterruptedException e) {
            e.printStackTrace();
    }
//接收返回的信息
String recstr=new String(msocket.recvMsg()).trim();

ms=new Message();//新建消息
//返回的正常信息共11位,如:OFIO=011111
if(recstr.length()==11)
  {ms.obj=recstr.substring(recstr.indexOf("=")+1,
                           recstr.indexOf("=")+7);}
/*取"="号后面的6位二进制字符,就是6个状态传感器的状态值,
   将其赋给消息的obj*/

/*以上代码是数据采集模块中的程序代码,以下代码是本项目"温室大棚"新增的
   程序代码,获取温度和湿度传感器的数值,一并发送handler处理*/
msocket.sendMsg("0FGAD");//发送获取AD接口数值传感器的数值
try {
            Thread.sleep(200);//延迟200ms
    } catch (InterruptedException e) {
            // TODO Auto-generated catch block
            e.printStackTrace();
    }

//接收返回的信息
recstr=new String(msocket.recvMsg()).trim();

/*正常返回的信息共13位,例如:0FAD=d0cf596d
   其中AD0=d0,AD1=cf,AD2(温度)=59,AD3(湿度)=6d*/
```

```
        if(recstr.length()==13)
        /*取"="号后面的第5位至第9位二进制字符,便是AD2,AD3的数值,
        AD2所接为温度传感器,AD3所接为湿度传感器*/
            {ms.obj=ms.obj+recstr.substring(recstr.indexOf("=")+5,
                                        recstr.indexOf("=")+9);}


        /*组合后的ms.obj共有10个字符:前面6位是in0～in5的状态传感器值,
            后四位是AD2,AD3数值*/
        ha2.sendMessage(ms);//触发ha2异步处理
        flg=false;//执行完毕就解锁
        }
    };}.start();//start()启动线程
    ha.postDelayed(this, 3000);//每隔3s执行一次
}};//Runnable+Handler产生定时执行机制
```

(2)修改Handler ha2=new Handler()中的handleMessage处理事件,实现检测到有光的时候关闭所有灯,无光的时候开启所有灯。修改后的程序代码和代码分析如下:

```
Handler ha2=new Handler(){//处理发送过来的状态传感器的信息
public void handleMessage(Message msg) {
  String recstr=msg.obj.toString();//获取发送过来的字符串
            //正常返回的信息共10位:前面6位是in0～in5,后面4位是AD2,AD3
  if(recstr.length()==10)
  {
        ImageView zd=(ImageView)findViewById(R.id.zd);//紫灯图片的id为zd
        ImageView hd=(ImageView)findViewById(R.id.hd);//黄灯图片的id为hd
        ImageView ld=(ImageView)findViewById(R.id.ld);//绿灯图片的id为ld
        //取第1位是光照传感器的值,如果是0,说明有光,关闭所有灯
        if(recstr.substring(0, 1).equals("0"))
        {
          new Thread(){public void run() {//在线程里面执行socket操作
            msocket.sendMsg("01C01");//关闭紫灯
            try {
                    Thread.sleep(200);//延迟200ms
                } catch (InterruptedException e) {
                    e.printStackTrace();
                }
            msocket.sendMsg("01C10");//关闭黄灯
            try {
```

```java
                Thread.sleep(200);//延迟200ms
            } catch (InterruptedException e) {
                e.printStackTrace();
            }
        msocket.sendMsg("10C01");//关闭绿灯
        try {
                Thread.sleep(200);//延迟200ms
            } catch (InterruptedException e) {
                e.printStackTrace();
            }
    };}.start();//启动线程

    zd.setImageResource(R.drawable.nook);//紫灯图片为灰色
    hd.setImageResource(R.drawable.nook);//黄灯图片为灰色
    ld.setImageResource(R.drawable.nook);//绿灯图片为灰色
}
else
{
    new Thread(){public void run() {//在线程里面执行socket操作
        msocket.sendMsg("01S01");//打开紫灯
        try {
                Thread.sleep(200);//延迟200ms
            } catch (InterruptedException e) {
                e.printStackTrace();
            }
        msocket.sendMsg("01S10");//打开黄灯
        try {
                Thread.sleep(200);//延迟200ms
            } catch (InterruptedException e) {
                e.printStackTrace();
            }
        msocket.sendMsg("10S01");//打开绿灯
        try {
                Thread.sleep(200);//延迟200ms
            } catch (InterruptedException e) {
                e.printStackTrace();
            }
    };}.start();//启动线程
```

```
            zd.setImageResource(R.drawable.ok);//紫灯图片为红色
            hd.setImageResource(R.drawable.ok);//黄灯图片为红色
            ld.setImageResource(R.drawable.ok);//绿灯图片为红色
            }

            try {//延迟600ms，确保前面线程中发送的开关灯命令执行完毕
                    Thread.sleep(600);
                } catch (InterruptedException e) {
                    e.printStackTrace();
                }
    }
};};
```

任务三教学视频，可扫描如图5-13所示的二维码。

图5-13 "温室大棚"任务三教学视频二维码

任务四 显示温/湿度的编程

【任务描述】

编程实现，进入"温室大棚"后，能自动显示当前数据采集模块的"温度"和"湿度"。

【任务实施】

打开"温室大棚"程序文件wsdp.java，修改onCreate事件上方的Handler ha2=new Handler()中的handleMessage处理事件，实现温度和湿度的显示。修改后的程序代码和代码分析如下：

```
Handler ha2=new Handler(){//处理发送过来的状态传感器的信息
    public void handleMessage(Message msg) {
```

```
String recstr=msg.obj.toString();//获取发送过来的字符串
//正常返回的信息共10位：前面6位是in0～in5,后面4位是AD2,AD3
if(recstr.length()==10)
    {   /*这里是"加强光合作用"的代码，即任务三的程序代码，此处省略*/
        //以下为温、湿度的显示
        String wd=recstr.substring(6, 8);//取第6至8位为温度传感器AD2的数值
        String sd=recstr.substring(8, 10);//取第8至10位为湿度传感器AD3的数值

        /*通过温度公式进行换算，得到十进制的温度数值:
           (U/51-0.8)/0.044 (U为对应的AD2的十六进制数转换成十进制数)*/
        //Integer.parseInt(wd, 16)作用是：将十六进制字符串，转成十进制数值
        float wd_value=(float)
                    (((float)Integer.parseInt(wd, 16)/51-0.8)/0.044);
        /*通过湿度公式进行换算，得到十进制的湿度数值:
           (U*100)/153 (U为对应的AD3的十六进制数转换成十进制数)*/
        //(float)可以将数值转换成浮点型，提高计算精度
        float sd_value=(float)
                    (((float)Integer.parseInt(sd, 16)*100)/153);
        //通过TextView显示温湿度,id为wsd
        TextView wsd=(TextView)findViewById(R.id.wsd);
        //Math.round()是四舍五入函数
        wsd.setText("湿度: "+ Math.round(sd_value)
                    +"%/温度:"+Math.round(wd_value)+"C");
    }
};};
```

任务四教学视频，可扫描如图5-14所示的二维码。

图5-14 "温室大棚"任务四教学视频二维码

项目五 模拟温室大棚

任务五 湿度调控和温度调控的编程

【任务描述】

编程实现以下功能：

（1）湿度对植物的生长同样是非常重要的指标。当数据采集模块上的"湿度传感器"采集到当前的湿度大于等于50%，自动开启数据采集模块上的"风扇2"（抽风机），进行抽湿，以降低湿度，同时对应的图变为红色；当数据采集模块上的"湿度传感器"采集到当前的湿度小于50%，自动关闭数据采集模块上的"风扇2"（抽风机），保持当前的湿度，同时对应的图变为灰色。

（2）温度对植物的生长也是非常重要的指标。当数据采集模块上的"温度传感器"采集到当前的温度大于等于30℃，自动开启空调，以降低温度，同时对应的图变为红色；当数据采集模块上的温度传感器采集到当前的温度小于30℃，自动关闭空调，保持当前的温度，同时对应的图变为灰色。

【任务实施】

（1）"温室大棚"程序文件wsdp.java，修改onCreate事件上方的Handler ha2=new Handler()中的handleMessage处理事件，实现温度和湿度的显示。修改后的程序代码和代码分析如下：

```java
Handler ha2=new Handler(){//处理发送过来的状态传感器的信息
public void handleMessage(Message msg) {
    String recstr=msg.obj.toString();//获取发送过来的字符串
    //正常返回的信息共10位：前面6位是in0～in5,后面4位是AD2,AD3
    if(recstr.length()==10)
    {
        /*(1)这里是"加强光合作用"的代码，即任务三的程序代码，此处省略*/
        /*(2)这里是"显示温/湿度"的代码，即任务四的程序代码，此处省略*/
        //以下是温、湿度调控的编程
        //抽风机对应的图片id为cfj
        ImageView cfj=(ImageView)findViewById(R.id.cfj);
        //空调对应的图片id为kt
        ImageView kt=(ImageView)findViewById(R.id.kt);
        if(sd_value>=50)//湿度≥50,则开启抽风机
        {
            cfj.setImageResource(R.drawable.ok);//抽风机图片变成红色
```

```java
            new Thread(){public void run() {//在线程里面执行socket操作
                //发送开启接在数据采集模块上的风扇的命令
                msocket.sendMsg("0FS100");
            };}.start();
        }
        else
        {
            cfj.setImageResource(R.drawable.nook);//抽风机图片变成灰色
            new Thread(){public void run() {//在线程里面执行socket操作
                //发送关闭接在数据采集模块上的风扇的命令
                msocket.sendMsg("0FC100");
            };}.start();
        }

        try {
                Thread.sleep(200);//延迟200ms
        } catch (InterruptedException e) {
                e.printStackTrace();
        }

        if(wd_value>=30)/////温度≥30℃，则开启空调
        {
            kt.setImageResource(R.drawable.ok);//空调图片变成红色
            new Thread(){public void run() {//在线程里面执行socket操作
                //发送开启空调的命令
                msocket.sendMsg("SENDD01");
            };}.start();
        }
        else
        {
            kt.setImageResource(R.drawable.nook);
            new Thread(){public void run() {//在线程里面执行socket操作
                //发送关闭空调的命令
                msocket.sendMsg("SENDD02");
            };}.start();
        }
```

```
            }
    };};
```

任务五教学视频，可扫描如图5-15所示的二维码。

图5-15 "温室大棚"任务五教学视频二维码

【项目评价】

任务	要求	权重	评价
界面设计	按要求完成主界面、"温室大棚"界面的设计	10%	
主界面和功能界面之间跳转的编程	点击主界面中的"温室大棚"按钮，能正常跳转到"温室大棚"界面；点击"温室大棚"界面中的"返回主界面"按钮，能正常返回主界面	5%	
全天候光合作用编程	当光照传感器显示有光时，关闭紫灯、黄灯、绿灯，反之开启紫灯、黄灯、绿灯，从而保证全天都能有足够的光合作用，同时"温室大棚"界面中紫灯、黄灯、绿灯对应的图标能反映自身的开关状态	15%	
显示温、湿度编程	在"温室大棚"界面中正确显示温、湿度	20%	
湿度控制编程	湿度大于等于50%开启数据采集模块开关1上接的风扇，反之关闭风扇。同时"温室大棚"界面中风扇对应的图标能反映自身的开关状态	20%	
温度控制编程	温度大于等于30℃开启空调，反之关闭空调。同时"温室大棚"界面中空调对应的图标能反映自身的开关状态	20%	
学习表现	考察学生的学习态度和学习能力	10%	

【项目总结】

本项目主要讲解了获取数据采集模块上AD2和AD3接口的数据信息，同时用Integer.parseInt方法进行数制转换，再使用给定的公式进行数值换算，并通过TextView显示温度和湿度的编程方法，以及根据温度和湿度的数值控制风扇和空调的开关，达到抽湿和降温的作用，从而将温度和湿度控制在指定范围内的编程方法等内容。学生通过本项目的学习，掌握温室大棚的实现方法，全面掌握数据采集模块的控制和使用，为下一个项目的学习打下坚实的基础。

【思考和练习】

（1）根据物联网实训模拟软件的帮助信息，说说光照传感器的取值跟其他5个状态传感器有何不同？

（2）如果温度和湿度传感器接在AD0和AD1接口上，编程如何获取？

（3）除了用TextView对象显示温湿度，还有其他对象可以显示吗？编程如何实现？

（4）当温度大于等于30℃，湿度大于50%的时候，同时开启空调和风扇，否则就同时关闭空调和风扇，编程如何实现？

项目六　Zgbiee模块控制

【项目概述】

物联网实训模拟软件上有2个Zgbiee模块，不同的Zgbiee模块有不同的地址。第1个Zgbiee模块上有3个in接口in0～in2，分别接光照、火焰、门磁状态传感器；有2个AD接口AD0和AD1，分别接温度和湿度数值传感器。第2个Zgbiee模块上同样有3个in接口in0～in2，分别接人体感应、烟雾、雨露状态传感器；有2个AD接口AD0和AD1，分别接温度和湿度数值传感器。2个Zgbiee模块所接的传感器种类跟数据采集模块上所接的一模一样，数量也基本一样，只是多接了1组温度和湿度传感器。本项目所要实现的功能跟项目四（数据采集模块控制）+项目五（模拟温室大棚）的功能也基本一样。之所以用不同的模块实现相同的功能，是因为获取和处理Zgbiee模块的接口数据与数据采集模块的接口数据完全不一样，数据采集模块的是字符串数据，而Zgbiee模块的是byte型数据，处理数据的编程方法有所不同。但因为实现的功能跟前面两个项目的基本一样，所以整体的编程思路是一致的。

【学习目标】

（1）掌握主界面、Zgbiee模块控制界面的设计方法，以及实现界面之间跳转的编程。
（2）掌握获取Zgbiee模块上所接6个状态传感器值的编程方法。
（3）掌握将byte型数据转换成标准的8位二进制字符串的编程方法。
（4）掌握获取并显示Zgbiee模块上所接2组温度和湿度传感器数值的编程方法。
（5）掌握控制湿度的编程方法。
（6）掌握控制温度的编程方法。

任务一　界面设计

【任务描述】

（1）在项目五主界面的基础上添加"Zgbiee模块控制"按钮，效果如图6-1所示。
（2）"Zgbiee模块控制"界面的设计，效果如图6-2所示。

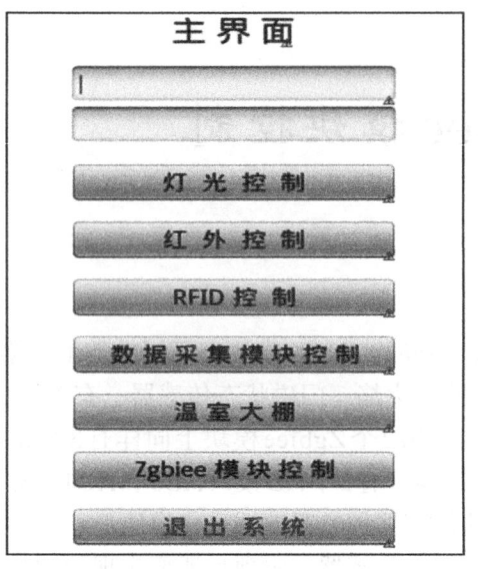
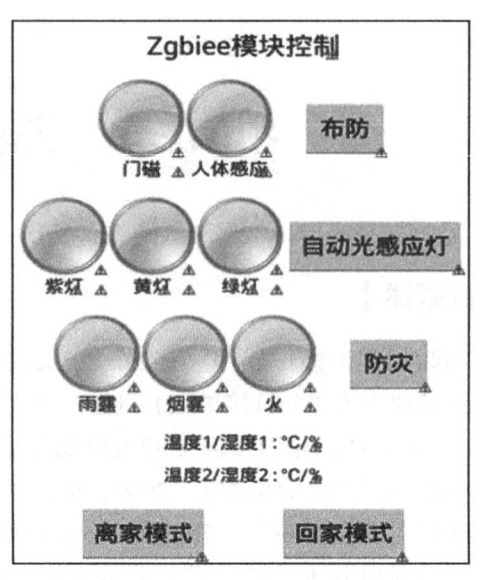

图6-1 项目六主界面　　　　　　　图6-2 "Zgbiee模块控制"界面

【任务实施】

（1）给主界面添加"Zgbiee模块控制"按钮。打开主界面文件activity_main.xml，切换到代码视图，复制"温室大棚"按钮的设置代码，如图6-3所示。然后粘贴代码到"温室大棚"按钮设置代码的下方，修改id和文本属性：android:id="@+id/zgb"和android:text="Zgbiee模块控制"，如图6-4所示。

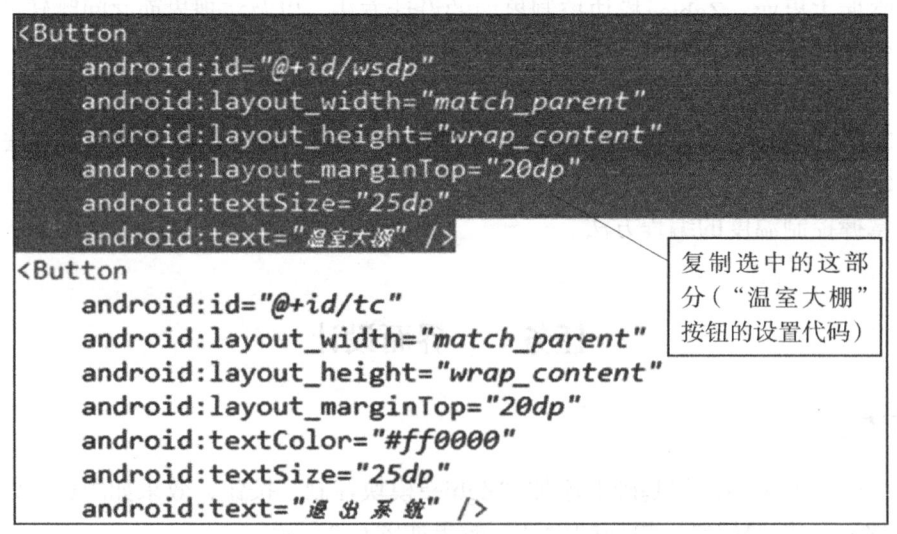

图6-3 复制"温室大棚"按钮的设置代码

```
<Button
    android:id="@+id/zgb"    ← 这是"Zgbiee模块控制"按钮的设置代码
    android:layout_width="match_parent"
    android:layout_height="wrap_content"
    android:layout_marginTop="20dp"
    android:textSize="25dp"
    android:text="Zgbiee模块控制" />
<Button
    android:id="@+id/tc"
    android:layout_width="match_parent"
    android:layout_height="wrap_content"
    android:layout_marginTop="20dp"
    android:textColor="#ff0000"
    android:textSize="25dp"
    android:text="退出系统" />
```

图6-4 "Zgbiee模块控制"按钮的设置代码

主界面设计完成,切换到图形界面设计视图,效果如图6-1所示(此图位于任务一的任务描述中)。

(2)创建Zgbiee模块控制界面xml文件。通过复制项目四数据采集模块界面文件sjcj.xml,粘贴生成Zgbiee模块控制界面zgb.xml文件。切换到zgb.xml图形界面设计视图,拖动2个TextView到如图6-5所示的位置,用于显示2个Zgbiee模块上所接的温度和湿度传感器的数值。

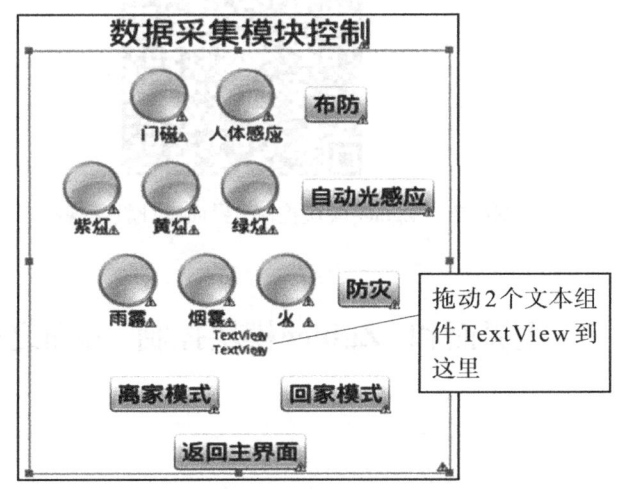

图6-5 添加2个文本组件用于显示2个Zgbiee模块上的温湿度

(3)切换到代码视图,修改"数据采集模块控制"文本为"Zgbiee模块控制"。同时对上一步(2)中显示温度和湿度的2个文本组件TextView做以下设置:

①第1个TextView: id为wsd1、字体大小为25dp、上边距为20dp、文本为"湿度/温度:%/℃"。

②第2个TextView：id为wsd2、字体大小为25dp、文本为"湿度/温度：%/℃"，如图6-6所示。

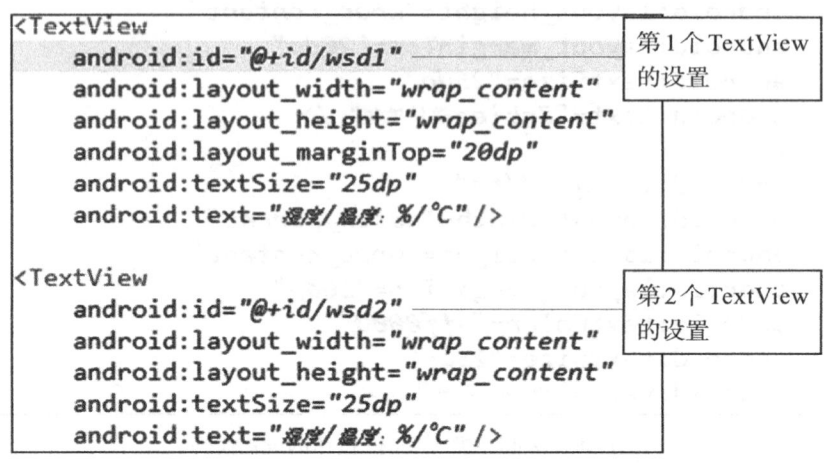

图6-6　显示2个Zgbiee模块温湿度的文本组件设置代码

（4）至此，Zgbiee模块控制界面设计完成，切换到图形界面设计视图，效果如图6-2所示（此图在任务一的任务描述中）。

任务一教学视频，可扫描如图6-7所示的二维码。

图6-7　"Zgbiee模块控制"界面设计教学视频二维码

任务二　主界面和"Zgbiee模块控制"界面之间跳转的编程

【任务描述】

编程实现以下功能：

（1）点击主界面中的"Zgbiee模块控制"按钮，进入到"Zgbiee模块控制"界面，同时传递主界面文本框中的ip地址和端口给"Zgbiee模块控制"界面，其中第一个输入框是ip地址，第二个输入框是端口。

（2）点击"Zgbiee模块控制"界面中的"返回主界面"按钮，回到主界面。

【任务实施】

（1）通过复制项目四数据采集模块程序文件sjcj.java，粘贴生成"Zgbiee模块控制"程序文件zgb.java。打开zgb.java文件，修改如下：

①将onCreate事件上方的Handler ha1=new Handler( )处理代码修改如下：

```
Handler ha1=new Handler(){//处理连接成功的代码
public void handleMessage(Message msg) {
TextView tx=(TextView)findViewById(R.id.textView1);
    tx.setText("Zgbiee模块控制"+"_已连接");
    //显示"Zgbiee模块控制"连接成功
};};
```

②将onCreate事件中setContentView方法加载界面代码修改如下：

```
setContentView(R.layout.zgb);//加载"Zgbiee模块控制"界面
```

（2）打开项目配置文件AndroidManifest.xml，添加zgb.java文件的注册信息，代码如下：

```
<activity
    android:name="com.example.znjj1.zgb"
    android:label="@string/app_name">
</activity>
```

"Zgbiee模块控制"文件zgb.java的注册

（3）打开主界面程序文件MainActivity.java。在onCreate事件中给"Zgbiee模块控制"按钮添加点击事件，编写程序，实现点击按钮后跳转到相应的控制界面。代码及代码分析如下：

```
Button zgb=(Button)findViewById(R.id.zgb);
zgb.setOnClickListener(new OnClickListener() {
    @Override
    public void onClick(View v) {
    save_ip_port();//跳转到功能界面之前，保存最新的ip地址和端口号到全局变量
    //MainActivity界面跳转到zgb界面:MainActivity.this→zgb.class
        //跳转到"Zgbiee模块控制"界面
    Intent intent=new Intent(MainActivity.this,zgb.class);
    startActivity(intent);
    }
});
```

任务二教学视频，可扫描如图6-8所示的二维码。

图6-8 "Zgbiee模块控制"任务二教学视频二维码

任务三　防盗、自动光感应、防灾功能以及离家/回家模式的编程

【任务描述】

1. 防盗功能的编程

（1）点击"Zgbiee模块控制"界面中的"布防"按钮，按钮变成红色，同时启动自动防盗功能，实现如下效果：当实训模拟软件中的"门磁"传感器为"打开"或者"人体感应"传感器为"有人"时，与之对应的图变成红色，同时发出警报声；当实训模拟软件中的"门磁"传感器为"关闭"或者"人体感应"传感器为"无人"时，与之对应的图变成灰色，警报声消失。

（2）当"布防"按钮为红色时，点击"布防"按钮，按钮变成灰色，自动防盗功能停止。

2. 自动光感应功能的编程

（1）点击"Zgbiee模块控制"界面中的"自动光感应灯"按钮，按钮变成红色，同时启动自动光感应灯功能：当实训模拟软件中Zgbiee上的"光照"传感器为"有光"时，智能模块中的紫、黄、绿灯全亮，与之对应的图变成红色；当实训模拟软件中Zgbiee上的"光照"传感器为"无光"时，智能模块中的紫、黄、绿灯全灭，与之对应的图变成灰色。

（2）当"自动光感应灯"按钮为红色时，点击"自动光感应灯"按钮，按钮变成灰色，自动光感应灯功能停止。

3. 防灾功能的编程

（1）点击"Zgbiee模块控制"界面中的"防灾"按钮，按钮变成红色，同时启动自动防灾功能：

①当实训模拟软件中Zgbiee上的"雨露"传感器为"有雨露"时，窗（窗帘）关上，与之对应的图变成红色；当实训模拟软件中Zgbiee上的"雨露"传感器为"无雨露"时，窗（窗帘）打开，与之对应的图变成灰色。

②当实训模拟软件中Zgbiee上的"火焰"传感器为"有火"或者"烟雾"传感器为"有烟雾"时，与之对应的图变成红色，同时发出连续的警报声；当实训模拟软件Zgbiee

上的"火焰"传感器为"无火"或者"烟雾"传感器为"无烟雾"时,与之对应的图变成灰色,警报声消失。

(2)当"防灾"按钮为红色时,点击"防灾"按钮,按钮变成灰色,自动防灾功能停止。

4.离家/回家模式的编程

(1)点击"Zgbiee模块控制"界面中"离家模式"按钮,"布防""防灾"按钮变成红色,同时开启防盗、防灾功能。

(2)点击"Zgbiee模块控制"界面中"回家模式"按钮,"布防""防灾"按钮变成灰色,同时停止防盗、防灾功能。

【任务实施】

(1)打开数据采集模块程序文件sjcj.java,修改onCreate事件上方的Runnable对象的连接框架代码,在连接成功的情况下,定时获取Zgbiee1和Zgbiee2模块上in0、in1、in2、ACH0、ACH1所接传感器的值。然后通过消息机制发送给handler进行异步处理。跟获取数据采集模块上的传感器的值不同,获取Zgbiee上的传感器的值,发送的是byte数组命令,而不是字符串命令。修改后的程序代码和代码分析如下:

```java
Runnable ra=new Runnable(){@Override
public void run() {
    //Thread为线程,涉及socket通信类的操作都要在线程里面执行
    new Thread(){public void run() {
        if(conn_success==false)//没有连接成功就连接
        {
            msocket=new mysocket(ip,port);//ip地址+端口作为连接参数
            conn_success=msocket.isconnect();//连接
        }
        else//连接成功
        {/*线程里面不能直接修改UI组件的属性,例如TextView的文本,
            必须用handler异步处理机制,通过发送Message实现*/
        Message ms=new Message();
        ms.obj="连接成功";
        ha1.sendMessage(ms);//触发ha1的异步处理
        
        if(flg==true) return;
        flg=true;//执行程序就上锁
        
        ms=new Message();//重置ms,用于发送新的消息
        //以下是获取接在zgb1上in0~in2的状态传感器值的编程
```

```java
/*获取接在zgb1上in0~in2的状态传感器值的命令为byte数组，数组中的"0x30"，
"0x01"表示zgb1的地址*/
byte zgb1[]=
    {(byte)0xDE,(byte)0xDF,(byte)0xEF,(byte)0xD5,0x30,0x01,0x00};

try{
    msocket.sendmsg(zgb1);//msocket发送byte数组命令
    try {
        Thread.sleep(400);//延迟400ms
    } catch (InterruptedException e) {
        e.printStackTrace();
    }
    byte zgb_rec1[]=msocket.recmsg();//接收返回的byte数组数据
    if(zgb_rec1.length>=7)//正确的返回值是：长度为7的byte数组
    {
        //取最后一个数组元素zgb_rec1[6]，并变成整数
        int zgb_int=(int)zgb_rec1[6];
        //将整数变成二进制字符串
        String zgb_str=Integer.toBinaryString(zgb_int).trim();

        if(zgb_str.length()>8)//如果转换后的二进制字符串长度大于8位，
        就取最后面的8位二进制字符
            zgb_str=zgb_str.substring(zgb_str.length()-8,
                                zgb_str.length());
        }

        if(zgb_str.length()<8)//如果转换后的二进制字符串长度小于8位，
        使用for循环，用"0"在前面补足8位，保证一定是完整的8位二进制字符
            for(int zi=0;zi<8-zgb_str.length();zi++)
            {
                zgb_str="0" + zgb_str;
            }
        }
        //在8位二进制字符中：2至5位为in0~in2的值，所以取2至5位复制给ms.obj
        ms.obj=zgb_str.substring(2,5);
    }
} catch (IOException e) {
```

项目六　Zgbiee模块控制

```
        e.printStackTrace();
}

/*以下是获取接在zgb2上in0~in2的状态传感器值的编程，方法跟获取zgb1上的
 in0~in2的值相同，可以复制上面zgb1的代码进行修改*/

/*获取接在zgb2上in0~in2的状态传感器值的命令为byte数组，数组中的"0x30"，
 "0x02"表示zgb2的地址*/
byte zgb2[]=
    {(byte)0xDE,(byte)0xDF,(byte)0xEF,(byte)0xD5,0x30,0x02,0x00};
try {
    msocket.sendmsg(zgb2);//msocket发送byte数组命令
    try {
        Thread.sleep(400);
    } catch (InterruptedException e) {
        e.printStackTrace();
    }
    byte zgb_rec2[]=msocket.recmsg();
    if(zgb_rec2.length>=7)//正确的返回值是长度为7的byte数组
    {
        //取最后一个数组元素zgb_rec1[6]，并变成整数
        int zgb_int=(int)zgb_rec2[6];
        //将整数变成二进制字符串
        String zgb_str=Integer.toBinaryString(zgb_int).trim();

        if(zgb_str.length()>8)//如果转换后的二进制字符串长度大于8位,
        就取最后面的8位二进制字符
            zgb_str=zgb_str.substring(zgb_str.length()-8,
                                     zgb_str.length());
        }


        if(zgb_str.length()<8)//如果转换后的二进制字符串长度小于8位
        {
            for(int zi=0;zi<8-zgb_str.length();zi++)
            {
                //使用for循环，用"0"在前面补足8位,保证一定是完整的8位二进制字符
                zgb_str="0" + zgb_str;
            }
```

```
                    }
                    //8位二进制字符中: 2至5位为in0～in2的值, 取2至5位, 添加到ms.obj中
                    ms.obj=ms.obj + zgb_str.substring(2,5);
                }
            } catch (IOException e) {
                e.printStackTrace();
            }
//以下是获取接在zgb1、zgb2上的ACH0和ACH1的温湿度传感器的数值的编程
        //接在zgb1上的是: 温度1、湿度1
        //接在zgb2上的是: 温度2、湿度2

        //定义整型int的温度1、温度2、湿度1、湿度2
        int wd1_int=0,wd2_int=0,sd1_int=0,sd2_int=0;
        //定义浮点型float的温度1、温度2、湿度1、湿度2
        float wd1_f=0,wd2_f=0,sd1_f=0,sd2_f=0;

        /*获取接在zgb1上ACH0的温度传感器的数值的命令是byte数组, 数组中的"0x30", "0x01"
            表示zgb1的地址, 数组的最后一个元素"0x00", 表示获取的是ACH0的数值, 即温度1的
            数值*/
        byte zgb1_wd[]=
            {(byte)0xDE,(byte)0xDF,(byte)0xEF,(byte)0xD7,0x30,0x01,0x00};
        try {
            msocket.sendmsg(zgb1_wd);
            try {
                Thread.sleep(400);//延迟400ms
            } catch (InterruptedException e) {
                e.printStackTrace();
            }
            byte zgb_rec1[]=msocket.recmsg();//接收返回的byte数组数据
            if(zgb_rec1.length>=8)//正确的返回值是长度为8的byte数组
            {
                //取最后一个数组元素zgb_rec1[7], 并变成整数
                wd1_int=(int)zgb_rec1[7];
                /*通过温度公式进行换算, 得到十进制的温度数值:
                    (U/85-0.8)/0.044 (其中U为wd1_int)*/
                //(float)可以将数值转换成浮点型, 提高计算精度
                wd1_f=(float)(((float)wd1_int/85-0.8)/0.044);
                if(Math.round(wd1_f)<0)//如果通过公式换算后的值小于0
```

```
            {
                wd1_f=wd1_f+68;//加上68进行修正
            }
            //将温度1的数值四舍五入后，用","号分割，添加到ms.obj中
            ms.obj=ms.obj + "," + Math.round(wd1_f);
        }
    }catch (IOException e) {
        e.printStackTrace();
    }

    /*获取接在zgb2上ACH0的温度传感器的数值的命令是byte数组，数组中的0x30,0x02表
    示zgb2的地址，数组的最后一个元素0x00，表示获取的是ACH0的数值，即温度2的数值*/
    byte zgb2_wd[]=
        {(byte)0xDE,(byte)0xDF,(byte)0xEF,(byte)0xD7,0x30,0x02,0x00};
    try {
        msocket.sendmsg(zgb2_wd);
        try {
            Thread.sleep(400);
        } catch (InterruptedException e) {
            e.printStackTrace();
        }
        byte zgb_rec2[]=msocket.recmsg();
        if(zgb_rec2.length>=8)//正确的返回值是长度为8的byte数组
        {
            //取最后一个数组元素zgb_rec1[7]，并变成整数
            wd2_int=(int)zgb_rec2[7];
            //通过温度公式进行换算，得到十进制的温度数值：
              (U/85-0.8)/0.044（其中U为wd2_int）
            //(float)可以将数值转换成浮点型，提高计算精度
            wd2_f=(float)(((float)wd2_int/85-0.8)/0.044);
            if(Math.round(wd2_f)<0)//如果通过公式换算后的值小于0
            {
                wd2_f=wd2_f+68;//加上68进行修正
            }
            //将温度2的数值四舍五入后，用","号分割，添加到ms.obj中
            ms.obj=ms.obj + "," + Math.round(wd2_f);
        }
    } catch (IOException e) {
```

```java
        e.printStackTrace();
    }

/*获取接在zgb1上ACH1的湿度传感器的数值的命令是byte数组，数组中的"0x30","0x01"
表示zgb1的地址，数组的最后一个元素"0x01"，表示获取的是ACH1的数值，即湿度1的
数值*/
byte zgb1_sd[]=
    {(byte)0xDE,(byte)0xDF,(byte)0xEF,(byte)0xD7,0x30,0x01,0x01};
try {
    msocket.sendmsg(zgb1_sd);
    try {
            Thread.sleep(400);
    } catch (InterruptedException e) {
            e.printStackTrace();
    }
    byte zgb_rec1[]=msocket.recmsg();
    if(zgb_rec1.length>=8)//正确的返回值是长度为8的byte数组
    {
        //取最后一个数组元素zgb_rec1[7]，并变成整数
        sd1_int=(int)zgb_rec1[7];
        //通过湿度公式进行换算，得到十进制的湿度数值：
          (U*20)/51（其中U为sd1_int）
        //(float)可以将数值转换成浮点型，提高计算精度
        sd1_f=(float)(((float)sd1_int*20)/51);
        if(Math.round(sd1_f)<0)//如果通过公式换算后的值小于0
        {
        sd1_f=sd1_f+100;//加上100进行修正
        }
        //将湿度1的数值四舍五入后，用","号分割，添加到ms.obj中
        ms.obj=ms.obj + "," + Math.round(sd1_f);
    }
} catch (IOException e) {
    e.printStackTrace();
}

/*获取接在zgb2上ACH1的湿度传感器的数值的命令是byte数组，数组中的"0x30","0x02"
表示zgb2的地址，数组的最后一个元素"0x01"，表示获取的是ACH1的数值，即湿度2的
数值*/
```

```java
            byte zgb2_sd[]=
                {(byte)0xDE,(byte)0xDF,(byte)0xEF,(byte)0xD7,0x30,0x02,0x01};
            try{
                msocket.sendmsg(zgb2_sd);
                try {
                        Thread.sleep(400);
                } catch (InterruptedException e) {
                        e.printStackTrace();
                }
                byte zgb_rec2[]=msocket.recmsg();
                if(zgb_rec2.length>=8)//正确的返回值是长度为8的byte数组
                {
                    //取最后一个数组元素zgb_rec1[7]，并变成整数
                    sd2_int=(int)zgb_rec2[7];
                     //通过湿度公式进行换算，得到十进制的湿度数值：
                      (U*20)/51（其中U为sd2_int)
                    //(float)可以将数值转换成浮点型，提高计算精度
                    sd2_f=(float)(((float)sd2_int*20)/51);
                    if(Math.round(sd2_f)<0)//如果通过公式换算后的值小于0
                    {
                    sd2_f=sd2_f+100;//加上100进行修正
                    }
                    //将湿度2的数值四舍五入后，用","号分割，添加到ms.obj中
                    ms.obj=ms.obj + "," + Math.round(sd2_f);
                    //ms.obj最后的字符格式，例如：110011,10,20,35,45
                }
            } catch (IOException e) {
                e.printStackTrace();
            }


            ha2.sendMessage(ms);//触发ha2异步处理
            flg=false;//执行完毕就解锁
        }
};}.start();//start() 启动线程
ha.postDelayed(this, 3000);//每隔3s执行一次
}};//Runnable+Handler产生定时执行机制
```

（2）在zgb.java文件的Handler ha2=new Handler()的handleMessage处理事件中，通过修改代码实现防盗、自动光感应、防灾功能。因为这些功能跟项目四数据采集模块控制的功能是一样的，所以大部分代码都相同。

zgb.java文件是通过复制sjcj.java文件（项目四数据采集模块控制程序文件）生成的，只要对原有的Handler ha2=new Handler()的handleMessage处理事件代码稍作修改即可，具体修改的程序代码和代码分析如下：

```
Handler ha2=new Handler(){//处理发送过来的状态传感器的信息
    public void handleMessage(Message msg) {
        String recstr=msg.obj.toString();//获取发送过来的字符串
        /*获取的正确的字符串recstr的格式，例如：110011,10,20,35,45
        ①其中110011是zgb1上的in0～in2的值+zgb2上的in0～in2组成的6位字符串
            跟数据采集模块上的in0～in5所接的传感器是一一对应的
        ②后面的10,20,35,45分是接在zgb1和zgb2上的温度1、温度2、湿度1、湿度2
            的数值
        */
        //如果获取的字符串不足6位，说明获取的字符是不对的，则return（退出）
if(tmpstr.length()<6) return;
//用","分割获取的字符成字符数组
String recstr1[]=tmpstr.split(",");
/*
通过split分割成的字符数组共有5个，格式如下：
recstr1[0]='110011'：光照、火焰、门磁、人体感应、烟雾、雨露6个传感器的值
recstr1[1]='10'：温度1
recstr1[2]='20'：温度2
recstr1[3]='35'：湿度1
recstr1[4]='45'：湿度2
*/
//recstr1[0]：光照、火焰、门磁、人体感应、烟雾、雨露6个状态传感器的值
String recstr=recstr1[0];
if(recstr.length()==6)
    {
      /*
        这里是原有的sjcj.java文件中实现防盗、自动光感应、防灾功能的程序代码，
        此处省略
      */
    }
};};
```

任务三教学视频，可扫描如图6-9所示的二维码。

图6-9 "Zgbiee模块控制"任务三教学视频二维码

任务四 温/湿度显示和调控的编程

【任务描述】

编程实现以下功能：

（1）进入"Zgbiee模块控制"在"温度1/湿度1"和"温度2/湿度2"TextView上自动显示Zgbiee1和Zgbiee2上的"温度"和"湿度"。

（2）当"温度1"和"温度2"都大于等于30℃时，开启空调；当"温度1"和"温度2"都小于30℃时，停止空调功能。

（3）当"湿度1"大于等于50%时，开启"智能开关模块2"上的"风扇1"；当"湿度2"大于等于50%时，开启数据采集模块上的"风扇2"；当"湿度1"和"湿度2"都小于50%时，关闭"风扇1"和"风扇2"。

【任务实施】

打开"Zgbiee模块控制"程序文件zgb.java，修改onCreate事件上方的Handler ha2=new Handler()中的handleMessage处理事件，通过添加程序代码实现温/湿度显示和调控。修改后的程序代码和代码分析如下：

```
Handler ha2=new Handler(){//处理发送过来的状态传感器的信息
public void handleMessage(Message msg) {
    String tmpstr=msg.obj.toString();//获取发送过来的字符串
        //如果获取的字符串不足6位，说明获取的字符是不对的，则return（退出）
    if(tmpstr.length()<6) return;

    String recstr1[]=tmpstr.split(",");//用","分割获取的字符，使其成字符数组
    /*获取的正确的字符串recstr的格式，例如：110011,10,20,35,45
    通过split分割成的字符数组共有5个，格式如下：
        recstr1[0]='110011';
```

```
        recstr1[1]='10': 温度1
        recstr1[2]='20': 温度2
        recstr1[3]='35': 湿度1
        recstr1[4]='45': 湿度2
*/
String recstr=recstr1[0];
if(recstr.length()==6)
    {
        /*
            这里是实现防盗、自动光感应、防灾功能的程序代码，此处省略
        */
    }


//以下为本任务四要添加的程序代码

//recstr1[1]温度1,recstr1[2]温度2,recstr1[3]湿度1,recstr1[4]湿度2
//显示zgb1上的湿度1和温度1的文本id为wsd1
TextView wsd1=(TextView)findViewById(R.id.wsd1);
wsd1.setText("湿度1:" + recstr1[3] + "%/温度1：" + recstr1[1] + "℃");
//显示zgb2上的湿度2和温度2的文本id为wsd2
TextView wsd2=(TextView)findViewById(R.id.wsd2);
wsd2.setText("湿度2:" + recstr1[4] + "%/温度2：" + recstr1[2] + "℃");


//温度1和温度2同时≥30℃,打开空调
if((Integer.parseInt(recstr1[1])>=30)&&
    (Integer.parseInt(recstr1[2])>=30))
    {
        new Thread(){@Override
            public void run() {
                msocket.sendMsg("SENDD01");//发送开空调命令
        }}.start();
        try {
                Thread.sleep(200);//延迟200ms
        } catch (InterruptedException e) {
                e.printStackTrace();
        }
    }
```

```
//温度1和温度2同时<30℃,关闭空调
else if((Integer.parseInt(recstr1[1])<30)&&
        (Integer.parseInt(recstr1[2])<30))
    {
        new Thread(){@Override
        public void run() {
            msocket.sendMsg("SENDD02");//发送关空调命令
        }}.start();
        try {
                Thread.sleep(200);//延迟200ms
            } catch (InterruptedException e) {
                e.printStackTrace();
            }
    }
//湿度1≥50%,打开智能开关模块2上的风扇
if((Integer.parseInt(recstr1[3])>=50))
    {
        new Thread(){@Override
        public void run() {
            //发送打开智能开关模块2上的风扇命令
            msocket.sendMsg("10S10");
        }}.start();
        try {
            Thread.sleep(200);//延迟200ms
            } catch (InterruptedException e) {
                e.printStackTrace();
            }
    }
//湿度2≥50%,打开数据采集模块上的风扇
if((Integer.parseInt(recstr1[4])>=50))
    {
        new Thread(){@Override
        public void run() {
            //发送打开数据采集模块上风扇的命令
            msocket.sendMsg("0FS100");
        }}.start();
        try {
```

```
                    Thread.sleep(200);//延迟200ms
                } catch (InterruptedException e) {
                    e.printStackTrace();
                }
            }
        //当湿度1和湿度2同时<50%，关闭2个风扇
        if((Integer.parseInt(recstr1[3])<50)&&
            (Integer.parseInt(recstr1[4])<50))
        {
            new Thread(){@Override
            public void run() {
                //发送关闭智能开关模块2上的风扇命令
                msocket.sendMsg("10C10");
                try {
                    Thread.sleep(200);//延迟200ms
                } catch (InterruptedException e) {
                    e.printStackTrace();
                }
                //发送关闭数据采集模块上风扇的命令
                msocket.sendMsg("0FC100");
                try {
                    Thread.sleep(200);//延迟200ms
                } catch (InterruptedException e) {
                    e.printStackTrace();
                }
            }}.start();
            try {
                //延迟400ms确保上面线程中的命令执行完毕
                Thread.sleep(400);
            } catch (InterruptedException e) {
                e.printStackTrace();
            }
        }
    };};
```

任务四教学视频,可扫描如图6-10所示的二维码。

图6-10 "Zgbiee模块控制"任务四教学视频二维码

【项目评价】

任务	要求	权重	评价
界面设计	按要求完成主界面、"Zgbiee模块控制"界面的设计	10%	
主界面和功能界面之间跳转的编程	点击主界面中的"Zgbiee模块控制"按钮,能正常跳转到"Zgbiee模块控制"界面;点击"Zgbiee模块控制"界面中的"返回主界面"按钮,能正常返回主界面	5%	
布防功能编程	当启动布放功能的时候,能根据门磁、人体感应传感器的状态值准确实现防盗警报,以及准确显示图标警示	10%	
自动光感应功能编程	当启动自动光感应功能的时候,光照传感器显示有光时,"Zgbiee模块控制"界面中紫灯、黄灯、绿灯对应的图标变成红色,否则变成灰色	5%	
防灾功能编程	当启动防灾功能的时候,能根据火焰、烟雾传感器的状态值准确实现防灾警报,以及图标警示;根据雨露传感器的状态值,能准确自动开关窗户,同时图标能体现天气的状态	10%	
离家、回家模式编程	点击"离家模式"按钮,启动布防、防灾功能;点击"回家模式"按钮,关闭布防、防灾功能	5%	
显示温、湿度编程	在"Zgbiee模块控制"界面中正确显示接在2个Zgbiee模块上的2组温、湿度的数值	15%	
温度控制编程	当接在2个Zgbiee模块上的2个温度传感器的数值都大于等于30℃时,空调开启,直到2个温度传感器的数值都小于30℃时,空调才关闭;否则空调保持原有的状态	15%	

续上表

任务	要求	权重	评价
湿度控制编程	当接在第1个Zgbiee模块上的湿度传感器的数值大于等于50%时，开启接在智能开关模块上的风扇；当接在第2个Zgbiee模块上的湿度传感器的数值都大于等于50%时，开启接在数据采集模块上的风扇；当2个湿度传感器的数值都小于50%时，关闭2个风扇	15%	
学习表现	考察学生的学习态度和学习能力	10%	

【项目总结】

本项目主要讲解了获取Zgbiee模块上所接的状态传感器和温湿度数值传感器的作用及特点，以及获取状态传感器的状态值和温湿度传感器数值的编程方法；讲解了用Integer.toBinaryString方法将byte型数据转换成二进制字符串，以及将转换后的二进制字符串组合成标准的8位二进制字符串的编程方法；讲解了用int类型转换方法将byte型的温湿度数据转换成十进制数，并用给定的公式进行数值换算，以及根据温度和湿度的数值控制风扇和空调的开关的编程方法等内容。学生通过本项目的学习，全面掌握Zgbiee模块的控制和使用，为后续项目的学习打下坚实的基础。

【思考和练习】

（1）根据物联网实训模拟软件的帮助信息，说说光照传感器的取值跟其他5个状态传感器有何不同？

（2）如果温度和湿度传感器接在AD0和AD1接口上，编程如何获取？

（3）除了用TextView对象显示温湿度外，还有其他对象可以显示吗？编程如何实现？

（4）当温度和湿度的取值都大于等于30的时候，同时开启空调和风扇，否则就同时关闭空调和风扇，编程如何实现？

项目七　遥控飞行

【项目概述】

本项目内容主要是介绍如何实现对遥控模块的编程控制。打开物联网实训模拟软件的遥控模块界面，界面中间停着一架飞机，飞机的下方标注着飞机当前位置的坐标值。编程实现以下功能：通过拖动手机屏幕上红色圆形图标来控制遥控模块中飞机的移动，同时当飞机进入指定范围时会产生警报，飞离时警报停止。

【学习目标】

（1）掌握主界面、遥控飞行界面的设计方法，以及实现界面之间跳转的编程方法。
（2）掌握遥控模块中控制飞机移动和停止的编程方法。
（3）掌握创建菜单和菜单项点击事件的编程方法。
（4）掌握获取飞机位置的编程方法。
（5）进一步巩固MediaPlayer对象控制声音播放的编程方法。
（6）掌握onTouchEvent触屏事件的编程方法，理解MotionEvent.ACTION_MOVE和MotionEvent.ACTION_UP的含义。

任务一　界面设计

【任务描述】

（1）在项目六主界面的基础上添加"遥控飞行"按钮，效果如图7-1所示。
（2）"遥控飞行"界面的设计，比较简单，一个红色的圆形图片放在左上角，效果如图7-2所示。

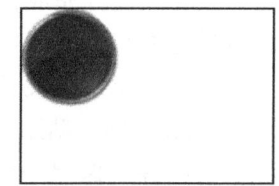

图7-1　项目六主界面　　图7-2　"遥控飞行"界面

【任务实施】

（1）给主界面添加"遥控飞行"按钮。

打开主界面文件 activity_main.xml，切换到代码视图，复制"Zgbiee模块控制"按钮的设置代码，如图7-3所示。然后粘贴代码到"Zgbiee模块控制"按钮设置代码的下方，修改id和文本属性：android:id="@+id/fj"和android:text="遥控飞行"，如图7-4所示。

图7-3 复制"Zgbiee模块控制"按钮的设置代码

图7-4 "遥控飞行"按钮的设置代码

主界面设计完成，切换到图形界面设计视图，效果如图7-1所示（此图位于任务一的任务描述中）。

（2）创建遥控飞行界面xml文件。复制所有界面文件中最简单的红外空调控制界面hwkz.xml文件，粘贴生成遥控飞行界面fj.xml文件。切换到fj.xml图形界面设计视图，删除所有组件，保留一个空白界面。然后拖动一个绝对布局AbsoluteLayout到空白界面中，如图7-5所示。切换到代码视图，将相对布局RelativeLayout的左右上下边距删除，设置

AbsoluteLayout的id为bj,高度和宽度都为全屏fill_parent,如图7-6所示。

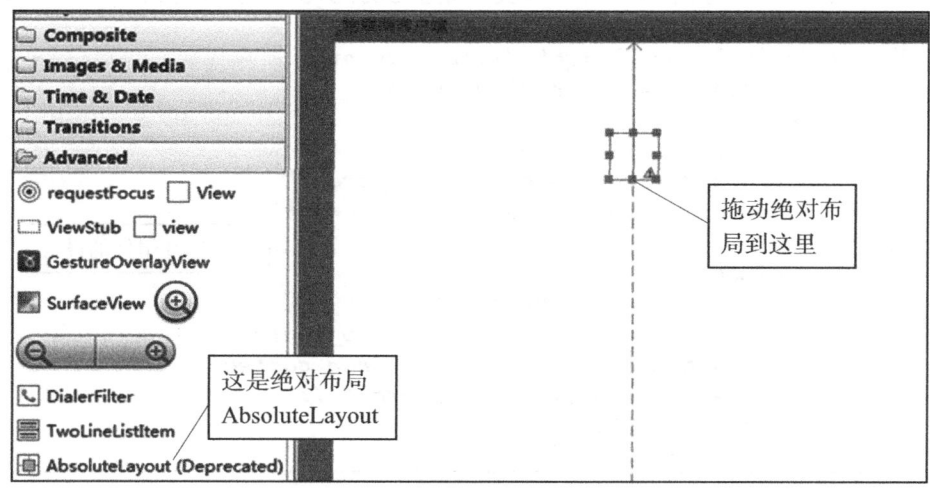

图7-5 拖动绝对布局组件到界面中

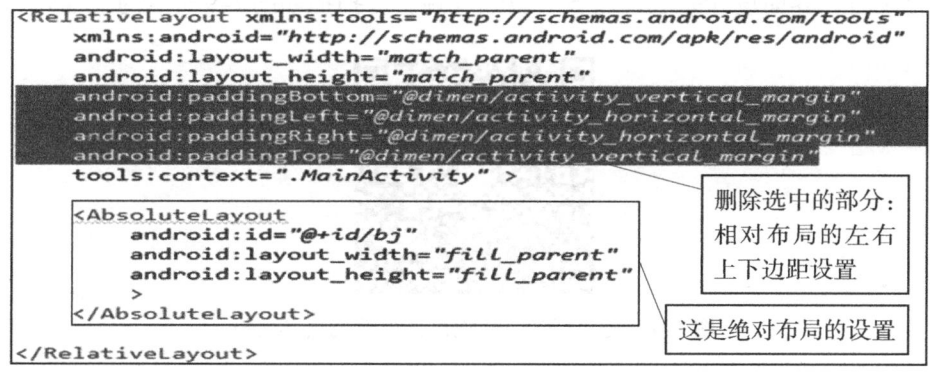

图7-6 选中并删除相对布局左右上下边距的设置代码,同时设置绝对布局为全屏显示

(3)切换到图形界面设计视图,拖动一个图片组件ImageView(选择图片ok,红色的圆形图片)到绝对布局AbsoluteLayout的左上角,如图7-7所示。切换到代码视图,设置图片组件ImageView的id为yd,如图7-8所示。

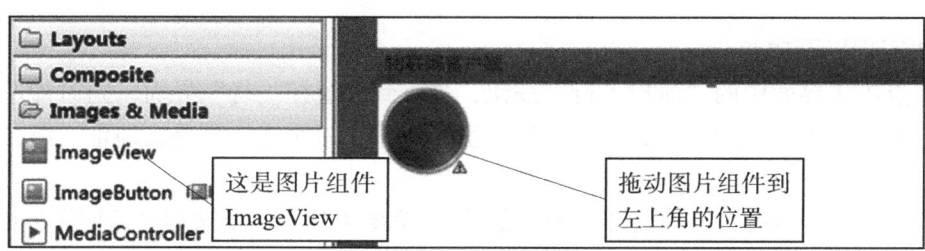

图7-7 拖动图片组件到绝对布局的左上角位置

```
<RelativeLayout xmlns:tools="http://schemas.android.com/tools"
    xmlns:android="http://schemas.android.com/apk/res/android"
    android:layout_width="match_parent"
    android:layout_height="match_parent"
    tools:context=".MainActivity" >
    <AbsoluteLayout
        android:id="@+id/bj"
        android:layout_width="fill_parent"
        android:layout_height="fill_parent"
        >
        <ImageView
            android:id="@+id/yd"
            android:layout_width="wrap_content"
            android:layout_height="wrap_content"
            android:src="@drawable/ok" />
    </AbsoluteLayout>
</RelativeLayout>
```

这是图片组件的设置

图7-8　图片组件的设置代码

"遥控飞行"界面设计完成。任务一教学视频，可扫描如图7-9所示的二维码。

图7-9　"遥控飞行"界面设计教学视频二维码

任务二　主界面和"遥控飞行"界面之间跳转的编程

【任务描述】

编程实现以下功能：

（1）点击主界面中的"遥控飞行"按钮，进入到"遥控飞行"界面，同时传递主界面文本框中的ip地址和端口给"遥控飞行"界面，其中第一个输入框是ip地址，第二个输入框是端口。

（2）给"遥控飞行"界面设计一个"菜单"，菜单中只有一个选项"返回主界面"。

（3）点击"遥控飞行"界面中"菜单"中的"返回主界面"，跳转到主界面。

项目七 遥控飞行

【任务实施】

（1）通过复制项目三"红外空调控制"程序文件hwkz.java，粘贴生成"遥控飞行"程序文件fj.java。打开fj.java文件，修改如下：

①删除Runnable ra=new Runnable()连接框架中，通过message机制发送连接成功的代码，同时删除Handler ha1=new Handler()处理连接成功的代码，如图7-10所示。

图7-10 删除框选的程序代码

②将onCreate事件中setContentView方法加载界面代码修改如下：

```
setContentView(R.layout.fj);//加载遥控飞行界面
```

③删除onCreate事件中的"学习开""学习关""开空调""关空调""返回主界面"这5个按钮的点击侦听事件，得到onCreate事件代码如下：

```
protectedvoid onCreate(Bundle savedInstanceState) {
    super.onCreate(savedInstanceState);
    setContentView(R.layout.fj);//加载遥控飞行界面
    glob_data glob=(glob_data)getApplication();//创建全局变量类对象
    ip=glob.getip();//获取连接的ip地址
    port=glob.getport();//获取连接的端口


    ha.postDelayed(ra, 0);//启动连接
}
```

（2）打开项目配置文件AndroidManifest.xml，添加fj.java文件的注册信息，代码如下：

```xml
<activity
    android:name="com.example.znjj1.fj"
    android:label="@string/app_name">
</activity>
```

"Zgbiee模块控制"文件fj.java的注册

（3）打开主界面程序文件MainActivity.java。在onCreate事件中给"遥控飞行"按钮添加点击事件，编写程序，实现点击按钮后跳转到相应的控制界面，代码如下：

```java
Button fj=(Button)findViewById(R.id.fj);
fj.setOnClickListener(new OnClickListener() {
    @Override
    public void onClick(View v) {
        save_ip_port();//跳转到功能界面之前，保存最新的ip地址和端口号到全局变量
        //MainActivity界面跳转到fj界面:MainActivity.this→fj.class
          //跳转到遥控飞行界面
        Intent intent=new Intent(MainActivity.this,fj.class);
        startActivity(intent);
    }
});
```

（4）打开遥控飞行程序文件fj.java。在public boolean onCreateOptionsMenu(Menu menu)菜单创建事件中，创建菜单项"返回主界面"。代码如下：

```java
public boolean onCreateOptionsMenu(Menu menu) {
    menu.add(Menu.NONE, Menu.FIRST+1, 1, "返回主界面")
        .setIcon(R.drawable.ic_launcher);
    return true;
}
```

（5）在public boolean onCreateOptionsMenu(Menu menu)菜单创建事件的上方，给菜单项"返回主界面"添加点击事件，点击后跳转到主界面，代码如下：

```java
public boolean onOptionsItemSelected(MenuItem item)
{
    switch(item.getItemId())
    {//Menu.FIRST+1是菜单项"返回主界面"的id
        case Menu.FIRST+1://执行返回主界面的代码
            new Thread(){@Override
            public void run() {
```

```
            //如果有上锁，用wihle循环等待解锁完毕再执行退出
              while(flg==true){}
              ha.removeCallbacks(ra);//停止连接
              if(conn_success)
              {
                msocket.close();//返回之前先关闭连接
                conn_success=false;
              }
              msocket=null;//将socket实例从内存中释放
              /*从遥控飞行界面跳转到主界面：fj.this→MainActivity.class*/
              Intent intent=new Intent(fj.this,MainActivity.class);
              startActivity(intent);
          }}.start();
              break;
    }
    return true;
}
```

任务二教学视频，可扫描如图7-11所示的二维码。

图7-11 "遥控飞行"任务二教学视频二维码

任务三 拖动图片控制飞机移动的编程

【任务描述】

编程实现：手指在屏幕中滑动，圆形红色图片能跟随手指一起滑动，同时实训模拟软件"遥控模块"中的飞机也能跟随手指移动的方向一起移动。当手指停在屏幕或是离开屏幕时，实训模拟软件"遥控模块"中的飞机会停止移动。

【任务实施】

（1）打开"遥控飞行"程序文件fj.java，添加变量用于触屏事件，具体程序代码和代

码分析如下：

```
mysocket msocket=null;//定义一个mysocket类
boolean conn_success=false,flg=false;//conn_success标记是否连接成功
boolean dw=false;//dw标记是否将图片定位到屏幕中心
//变量作用如下：
//1.screenw为屏幕的宽度，screenh为屏幕的高度
//2.ydw为红色圆形图片的宽度，ydh为红色圆形图片的高度
//3.titileheight为标题栏的高度
//4.oldx为图片移动前的水平位置，oldy为图片移动前的垂直位置
//5.offset为判断移动的最低误差值
int screenw=0,screenh=0,ydw=0,ydh=0,
int titileheight=0,oldx=0,oldy=0,offset=5;
String ip="";//连接物联网实训模拟软件的ip地址
int port=0;//连接物联网实训模拟软件的端口
```

框选的部分是为实现任务三新增加的变量

（2）在"遥控飞行"程序文件fj.java的Runnable ra=new Runnable()连接框架中，线程启动.start()后面，添加初始化变量以及将圆形红色图片定位到屏幕中心的程序代码。用圆形红色图片定位到屏幕中心表示连接成功。具体程序代码和代码分析如下：

```
Handler ha=new Handler();//handler异步处理机制
Runnable ra=new Runnable(){@Override
public void run() {
    //Thread为线程，涉及socket通信类的操作都要在线程里面执行
    new Thread(){public void run() {
        if(conn_success==false)//没有连接成功就连接
        {
            msocket=new mysocket(ip,port);//ip地址+端口作为连接参数
            conn_success=msocket.isconnect();//连接
        }
        else//连接成功
        {
        }
    };}.start();
    if(screenw==0)//说明还未获得屏幕宽度
    {
        //绝对布局的id为bj
        AbsoluteLayout bj=(AbsoluteLayout)findViewById(R.id.bj);
        //因为绝对布局是全屏显示的，所以绝对布局的长宽，就是屏幕的长宽
```

```
            screenw=bj.getWidth();
            screenh=bj.getHeight();
        }
        if(ydw==0)//说明还未获得红色圆形图片的宽度
        {
            //红色圆形图片的id为yd
            ImageView yd=(ImageView)findViewById(R.id.yd);
            //获取红色圆形图片的长宽
            ydw=yd.getWidth();
            ydh=yd.getHeight();
        }

        /*如果已经连接成功，已经获取到屏幕的长宽、红色圆形图片的长度，且图片还未定位到
           屏幕中心*/
        if((conn_success)&&(screenw>0)&&(screenh>0)&&
            (ydw>0)&&(ydh>0)&&(dw==false))
        {
            ImageView yd=(ImageView)findViewById(R.id.yd);
            /*用setLayoutParams(图片宽度,图片高度,图片左上角位置,图片右上角位置)
              方法将图片定位到屏幕中心*/
            yd.setLayoutParams(new AbsoluteLayout.LayoutParams
                        (ydw, ydh, (screenw-ydw)/2, (screenh-ydh)/2));
            dw=true;//标记图片已经定位到屏幕中心
            //获得窗口标题栏的高度
            titileheight=getWindow().
                        findViewById(Window.ID_ANDROID_CONTENT).getTop();
            //将图片的当前位置，设置为图片移动的初始位置
            oldx=yd.getLeft()+ydw/2;
            oldy=yd.getTop()+ydh/2;
        }
        ha.postDelayed(this, 3000);//每隔3s执行一次
}};//Runnable+Handler产生定时执行机制
```

（3）在"遥控飞行"程序文件fj.java的public boolean onCreateOptionsMenu(Menu menu)菜单事件的上方创建触屏事件onTouchEvent(MotionEvent e)，编写程序代码实现拖动图片控制飞机移动，具体程序代码和代码分析如下：

```
public boolean onTouchEvent(MotionEvent e)
{
```

```java
//如果没有连接成功就退出
if((conn_success==false)||(dw==false)) returnfalse;

//获取鼠标当前的水平位置
int currentx=(int)(e.getRawX()-ydw/2);
//获取鼠标当前的垂直位置，同时用标题栏高度进行修正
int currenty=(int)(e.getRawY()-ydh/2-titileheight);

if(currentx<0){currentx=0;}
else if(currentx>screenw-ydw){currentx=screenw-ydw;}

if(currenty<0){currenty=0;}
else if(currenty>screenh-ydh){currenty=screenh-ydh;}

//红色圆形图片的id为yd
ImageView yd=(ImageView)findViewById(R.id.yd);
//将图片的中心定位在鼠标所在的位置，实现图片跟着鼠标移动的效果
yd.setLayoutParams(new AbsoluteLayout.LayoutParams
    (ydw, ydh, currentx, currenty));

//得到图片当前位置与移动前位置的水平方向的差值
int offsetx=currentx-oldx;
//得到图片当前位置与移动前位置的垂直方向的差值
int offsety=currenty-oldy;

switch(e.getAction())
  {
   case(MotionEvent.ACTION_MOVE)://触屏事件开始
       //飞机往右下移动的条件
       if((offsetx>offset)&&(offsety>offset))
       {
        new Thread(){public void run() {
            //发送往右下移动的命令
            msocket.sendMsg("yk_ds");
        };}.start();
       }
       //飞机往右上移动的条件
       else if((offsetx>offset)&&(offsety<-offset))
       {
```

```
    new Thread(){public void run() {
        //发送往右上移动的命令
        msocket.sendMsg("yk_dw");
    };}.start();
}
//飞机往左下移动的条件
else if((offsetx<-offset)&&(offsety>offset))
{
    new Thread(){public void run() {
        //发送飞机往左下移动的命令
        msocket.sendMsg("yk_as");
    };}.start();
}
//飞机往左上移动的条件
else if((offsetx<-offset)&&(offsety<-offset))
{
    new Thread(){public void run() {
        //发送飞机往左上移动的命令
        msocket.sendMsg("yk_aw");
    };}.start();
}
//飞机往右移动的条件
else if((offsetx>offset)&&(offsety<offset)&&(offsety>-offset))
{
    new Thread(){public void run() {
        //发送飞机往右移动的命令
        msocket.sendMsg("yk_d");
    };}.start();
}
//飞机往左移动的条件
else if((offsetx<-offset)&&(offsety<offset)&&(offsety>-offset))
{
    new Thread(){public void run() {
        //发送飞机往左移动的命令
        msocket.sendMsg("yk_a");
    };}.start();
}
//飞机往上移动的条件
```

```java
else if((offsety<-offset)&&(offsetx<offset)&&(offsetx>-offset))
{
 new Thread(){public void run() {
    //发送飞机往上移动的命令
    msocket.sendMsg("yk_w");
    };}.start();
}
//飞机往下移动的条件
else if((offsety>offset)&&(offsetx<offset)&&(offsetx>-offset))
{
 new Thread(){public void run() {
    //发送飞机往下移动的命令
    msocket.sendMsg("yk_s");
    };}.start();
}
//如果图片顶到左上角,飞机往左上移动
else if((currentx==0)&&(currenty==0))
{
 new Thread(){public void run() {
    msocket.sendMsg("yk_aw");
    };}.start();
}
//如果图片顶到左下角,飞机往左下移动
else if((currentx==0)&&(currenty==screenh-ydh))
{
 new Thread(){public void run() {
    msocket.sendMsg("yk_as");
    };}.start();
}
//如果图片顶到右上角,飞机往右上移动
else if((currentx==screenw-ydw)&&(currenty==0))
{
 new Thread(){public void run() {
    msocket.sendMsg("yk_dw");
    };}.start();
}
//如果图片顶到右下角,飞机往右下移动
else if((currentx==screenw-ydw)&&(currenty==screenh-ydh))
```

```
{
  new Thread(){public void run() {
    msocket.sendMsg("yk_ds");
  };}.start();
}
//如果图片顶到最左边,飞机往左移动
else if(currentx==0)
{
  new Thread(){public void run() {
    msocket.sendMsg("yk_a");
  };}.start();
}
//如果图片顶到最右边,飞机往右移动
else if(currentx==screenw-ydw)
{
  new Thread(){public void run() {
    msocket.sendMsg("yk_d");
  };}.start();
}
//如果图片顶到最上边,飞机往上移动
else if(currenty==0)
{
  new Thread(){public void run() {
    msocket.sendMsg("yk_w");
  };}.start();
}
//如果图片顶到最下边,飞机往下移动
else if(currenty==screenh-ydh)
{
  new Thread(){public void run() {
    msocket.sendMsg("yk_s");
  };}.start();
}
else//其他情况就停止飞机移动
{
  new Thread(){public void run() {
    //发送让飞机停止移动的命令
    msocket.sendMsg("ykstop");
```

```
        };}.start();
    }
    try {
        Thread.sleep(200);//延迟200ms
        } catch (InterruptedException e1) {
        e1.printStackTrace();
        }
    //更新移动前的位置为当前位置，为下一次移动做准备
    oldx=currentx;
    oldy=currenty;
    break;


case(MotionEvent.ACTION_UP)://触屏事件结束
    new Thread(){public void run() {
        //当不拖动的时候，发送让飞机停止移动的命令
        msocket.sendMsg("ykstop");
    };}.start();
    try {
        Thread.sleep(200);
        } catch (InterruptedException e1) {
        e1.printStackTrace();
        }
    //更新移动前的位置为当前位置，为下一次移动做准备
    oldx=currentx;
    oldy=currenty;
    break;
    }
return true;
}
```

任务三教学视频，可扫描如图7-12所示的二维码。

图7-12 "遥控飞行"任务三教学视频二维码

项目七 遥控飞行

任务四 模拟雷达报警功能的编程

【任务描述】

编程实现以下功能：在实训模拟软件的飞行模块中定义这样一个矩形范围：左上角位置坐标(x,y)为（4000,3000），右下角位置坐标(x,y)为（9000,6000）；如果飞机飞入这个矩形范围，将会发出警报声，如果飞机没有飞入这个矩形范围，不会发出警报声。飞机的报警范围如图7-13所示。

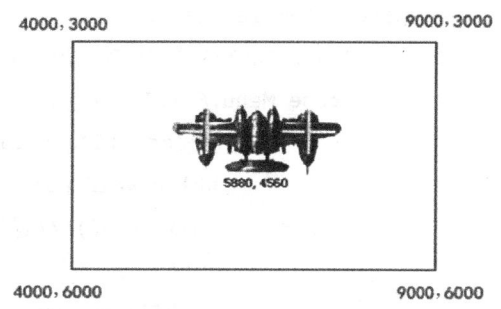

图7-13 实训模拟软件中飞机的报警范围

【任务实施】

（1）打开"遥控飞行"程序文件fj.java，添加变量用于实现雷达报警，具体程序代码和代码分析如下：

```java
int screenw=0,screenh=0,ydw=0,ydh=0;
int titileheight=0,oldx=0,oldy=0,offset=5;
//飞机飞入的报警范围的矩形区域定义
int left0=4000,left1=9000,top0=3000,top1=6000;
//定义媒体对象，用于播放警报声
MediaPlayer mp;

String ip="";//连接物联网实训模拟软件的ip地址
int port=0;//连接物联网实训模拟软件的端口
```

框选的部分是为实现任务四新增加的变量

（2）在fj.java文件的onCreate事件中加载警报声。加载警报声的代码放在启动连接代码ha.postDelayed(ra, 0)的前面，具体代码和代码分析如下：

```java
//创建媒体对象实例，加载警报声R.drawable.bj
mp=MediaPlayer.create(fj.this, R.drawable.bj);
mp.setLooping(true);//设置警报声循环播放
mp.start();//先开启警报声
mp.pause();//然后马上暂停警报声，等待后面触发
//以上为加载警报声的代码
ha.postDelayed(ra, 0);//启动连接代码
```

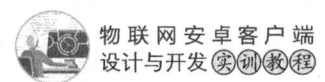

（3）在fj.java文件的onOptionsItemSelected(MenuItem item)菜单项点击事件中，给"返回主界面"菜单项点击事件添加停止警报声的代码mp.stop()，在返回主界面之前关闭声响，代码和代码分析如下：

```java
public boolean onOptionsItemSelected(MenuItem item)
{
    switch(item.getItemId())
    {//Menu.FIRST+1是菜单项"返回主界面"的id
        case Menu.FIRST+1://执行"返回主界面"的代码
            new Thread(){@Override
                public void run() {
                    mp.stop();//返回主界面之前警报停止
                    //如果有上锁，用wihle循环等待解锁完毕再执行退出
                    while(flg==true){}
                    /*后面的程序代码省略*/
            }}.start();
            break;
    }
    return true;
}
```

（4）打开"遥控飞行"程序文件fj.java，在Runnable ra=new Runnable()连接框架中，连接成功之后添加程序代码，实现雷达报警，如图7-14所示。

```java
Runnable ra=new Runnable(){@Override
public void run() {
    //Thread为线程，涉及socket通信类的操作都要在线程里面执行
    new Thread(){public void run() {
        if(conn_success==false)//没有连接成功就连接
        {
            msocket=new mysocket(ip,port);//ip地址+端口作为连接参数
            conn_success=msocket.isconnect();//连接
        }
        else//连接成功
        {
            
        }
    };}.start();
    if(screenw==0)//说明还未获得屏幕宽度
    {
        //绝对布局的id为bj
        AbsoluteLayout bj=(AbsoluteLayout)findViewById(R.id.bj);
        //因为绝对布局是全屏显示的，所以绝对布局的长宽，就是屏幕的长宽
        screenw=bj.getWidth();
        screenh=bj.getHeight();
```

实现雷达报警的程序代码，写在这里

图7-14 实现雷达报警的程序代码所在位置

具体程序代码和代码分析如下:

```
    //如果没有解锁则return(退出)
if(flg==true) return;
flg=true;//上锁


//发送获取飞机位置的命令ykpos
msocket.sendMsg("ykpos");
try {
    Thread.sleep(200);//延迟200ms
} catch (InterruptedException e) {
    e.printStackTrace();
}
//获取返回的飞机位置信息
String recstr=new String(msocket.recvMsg()).trim();
//返回飞机位置信息如:xy=200,300,表示飞机在x=200,y=300的位置
if(recstr.length()>3)//长度一定大于3
{
    //用split分割出飞机位置的x值和y值
    String posstr[]=
            recstr.substring(recstr.indexOf("=")+1).split(",");
    int xx=Integer.parseInt(posstr[0]);
    int yy=Integer.parseInt(posstr[1]);


mp.pause();//先暂停警报声
//如果飞机位置处于定义的矩形报警范围内
    if((xx>=left0)&&(xx<=left1)&&(yy>=top0)&&(yy<=top1))
    {
        mp.start();//启动警报声
    }
}
flg=false;//解锁
```

任务四教学视频,可扫描如图7-15所示的二维码。

图7-15 "遥控飞行"任务四教学视频二维码

【项目评价】

任务	要求	权重	评价
界面设计	按要求完成主界面、"遥控飞行"界面的设计	10%	
主界面和功能界面之间跳转的编程	点击主界面中的"模拟飞行模块"按钮，能正常跳转到"遥控飞行"界面；点击"遥控飞行"界面菜单中的"返回主界面"菜单项，能正常返回主界面	5%	
通过拖动图标控制飞机移动的编程	当拖动手机屏幕上的红色圆形图标时，遥控模块中的飞机能够根据图标移动的方向移动；当停止拖动图标时，飞机也停止移动	50%	
警报功能的编程	当遥控模块中的飞机进入指定范围时会产生警报，飞离时警报停止	25%	
学习表现	考察学生的学习态度和学习能力	10%	

【项目总结】

　　本项目主要讲解了运用菜单创建事件onCreateOptionsMenu创建菜单，运用菜单项点击事件onOptionsItemSelected触发点击菜单项事件的编程方法；讲解了运用onTouchEvent触屏事件组合MotionEvent.ACTION_MOVE、MotionEvent.ACTION_UP动作和mysocket类方法实现通过移动图标控制飞机移动的编程方法，讲解了根据飞机位置信息控制警报的编程方法等内容。学生通过本项目的学习，掌握遥控模块的控制和使用，为下一个项目的学习打下坚实的基础。

【思考和练习】

　　（1）onTouchEvent事件中除了MotionEvent.ACTION_MOVE、MotionEvent.ACTION_UP动作，还有没有其他动作？请举例说明。

　　（2）编程实现以下效果：添加一个菜单项，名字为"显示/隐藏图标"。点击该菜单项可以让红色圆形图标在显示和隐藏之间切换。

项目八　飞行定位

【项目概述】

本项目主要介绍如何实现对遥控模块中飞机的定位显示编程。根据物联网实训模拟软件帮助文档中的说明,遥控模块界面中的飞机可以通过电脑键盘的按键A、S、W、D进行移动控制。编程实现以下功能:当飞机移动的时候,其位置能在手机屏幕上同步更新显示,类似手机导航定位的功能。

【学习目标】

(1) 掌握主界面、飞行定位界面的设计方法,以及实现界面之间跳转的编程方法。
(2) 进一步巩固菜单和菜单项点击事件的编程方法。
(3) 进一步巩固获取飞机位置的编程方法。
(4) 掌握根据屏幕比例进行等比缩放,实现同步定位显示的编程方法。

任务一　界面设计

【任务描述】

(1) 在项目七主界面的基础上添加"飞行定位"按钮,效果如图8-1所示。
(2) "飞行定位"界面跟项目七的"遥控飞行"界面完全一样,如图7-2所示(此图在项目七任务一的任务描述中)。

【任务实施】

(1) 给主界面添加"飞行定位"按钮。

打开主界面文件activity_main.xml,切换到代码视图,复制"遥控飞行"按钮的设置代码,如图8-2所示。然后粘贴代码到"遥控飞行"按钮设置代码的下方,修改id和文本属性: android:id="@+id/fjgz"和android:text="飞行定位",如图8-3所示。

图8-1　项目八主界面

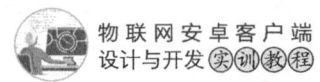

```
<Button
    android:id="@+id/fj"
    android:layout_width="match_parent"
    android:layout_height="wrap_content"
    android:layout_marginTop="20dp"
    android:textSize="25dp"
    android:text="遥控飞行" />
<Button
    android:id="@+id/tc"
    android:layout_width="match_parent"
    android:layout_height="wrap_content"
    android:layout_marginTop="20dp"
    android:textColor="#ff0000"
    android:textSize="25dp"
    android:text="退出系统" />
```

复制选中的部分（"遥控飞行"按钮的设置代码）

图8-2 复制"遥控飞行"按钮的设置代码

```
<Button
    android:id="@+id/fjgz"
    android:layout_width="match_parent"
    android:layout_height="wrap_content"
    android:layout_marginTop="20dp"
    android:textSize="25dp"
    android:text="飞行定位" />
<Button
    android:id="@+id/tc"
    android:layout_width="match_parent"
    android:layout_height="wrap_content"
    android:layout_marginTop="20dp"
    android:textColor="#ff0000"
    android:textSize="25dp"
    android:text="退出系统" />
```

这部分是"飞行定位"按钮的设置

图8-3 "飞行定位"按钮的设置代码

主界面设计完成，切换到图形界面设计视图，效果如图8-1所示（此图位于任务一的任务描述中）。

（2）因为"飞行定位"界面与"遥控飞行"界面完全相同，所以直接复制"遥控飞行"界面文件fj.xml，粘贴生成"飞行定位"界面文件fjgz.xml。

任务二　主界面和"飞行定位"界面之间跳转的编程

【任务描述】

编程实现以下功能：

（1）点击主界面中的"飞行定位"按钮，进入到"飞行定位"界面，同时传递主界面文本框中的ip地址和端口给"飞行定位"界面，其中第一个输入框是ip地址，第二个输入框是端口。

（2）给"飞行定位"界面设计一个"菜单"，菜单中只有一个选项"返回主界面"。

（3）点击"飞行定位"界面中"菜单"的"返回主界面"，跳转到主界面。

【任务实施】

（1）通过复制项目七遥控飞行程序文件fj.java，粘贴生成飞行定位程序文件fjgz.java。打开fjgz.java文件，将onCreate事件中setContentView方法加载界面代码修改如下：

```
setContentView(R.layout.fjgz);//加载"飞行定位"界面
```

（2）打开项目配置文件AndroidManifest.xml，添加fjgz.java文件的注册信息，代码如下：

```xml
<activity
    android:name="com.example.znjj1.fjgz"
    android:label="@string/app_name">
</activity>
```

"飞行定位"程序文件fjgz.java的注册

（3）打开主界面程序文件MainActivity.java。在onCreate事件中给"飞行定位"按钮添加点击事件，编写程序，实现点击按钮后跳转到相应的控制界面。代码如下：

```java
    Button fjgz=(Button)findViewById(R.id.fjgz);
    fjgz.setOnClickListener(new OnClickListener() {
      @Override
      public void onClick(View v) {
          save_ip_port();//跳转到功能界面之前，保存最新的ip地址和端口号到全局变量
          //MainActivity界面跳转到fj界面:MainActivity.this→fjgz.class
          //跳转到"飞行定位"界面
          Intent intent=new Intent(MainActivity.this,fjgz.class);
          startActivity(intent);
      }
    });
```

任务一和任务二的教学视频,可扫描如图8-4所示的二维码。

图8-4 "飞行定位"界面任务一和任务二教学视频二维码

任务三 定位飞机位置的编程

【任务描述】

编程实现:当实训模拟软件中的飞机移动的时候,手机上的红色圆形图片也会跟着一起往相同的方向移动一定比例的位移。

【任务实施】

(1)打开"遥控飞行"程序文件fjgz.java。删除项目七"遥控飞行"定义的变量如下所示:

```
int screenw=0,screenh=0,ydw=0,ydh=0;
int titileheight=0,oldx=0,oldy=0,offset=5;
//飞机飞入的报警范围的矩形区域定义
int left0=4000,left1=9000,top0=3000,top1=6000;
//定义媒体对象,用于播放警报声
MediaPlayer mp;
String ip="";//连接物联网实训模拟软件的ip地址
int port=0;//连接物联网实训模拟软件的端口
```

删除框选部分:项目七"遥控飞行"定义的变量

(2)添加本项目"飞行定位"的变量定义,代码如下:

```
int screenw=0,screenh=0,ydw=0,ydh=0;
int titileheight=0,oldx=0,oldy=0,offset=5;
//实训模拟软件中飞行模块的屏幕尺寸宽度和高度
int fxscreenw=12360,fxscreenh=8880;
```

框选部分是本项目"飞行定位"的变量

（3）删除fjgz.java文件的onCreate事件中创建媒体对象MediaPlayer和加载警报声的代码，如下所示：

```java
protected void onCreate(Bundle savedInstanceState) {
    super.onCreate(savedInstanceState);
    setContentView(R.layout.fjgz);//加载"飞行定位"界面
    glob_data glob=(glob_data)getApplication();//创建全局变量类对象
    ip=glob.getip();//获取连接的ip地址
    port=glob.getport();//获取连接的端口

    //创建媒体对象实例，加载警报声R.drawable.bj
    mp=MediaPlayer.create(fjgz.this, R.drawable.bj);
    mp.setLooping(true);//设置警报声循环播放
    mp.start();//先开启警报声
    mp.pause();//然后马上暂停警报声，等待后面触发

    ha.postDelayed(ra, 0);//启动连接
}
```

删除框选部分：创建媒体对象MediaPlayer和加载警报声的代码

（4）删除fjgz.java文件的触屏事件public boolean onTouchEvent(MotionEvent e)程序代码。

（5）删除fjgz.java文件的"返回主界面"菜单项点击事件中停止声音的程序代码：mp.stop()。

（6）修改fjgz.java文件Runnable ra=new Runnable()连接框架中的new Thread()线程代码部分，具体代码和代码分析如下：

```java
new Thread(){public void run() {
    if(conn_success==false)//没有连接成功就连接
    {
        msocket=new mysocket(ip,port);//ip地址+端口作为连接参数
        conn_success=msocket.isconnect();//连接
    }
    else//连接成功
    {
        //如果没有解锁则return(退出)
        if(flg==true) return;
        flg=true;//上锁

        //发送获取飞机位置的命令ykpos
```

```
            msocket.sendMsg("ykpos");
            try {
                Thread.sleep(200);//延迟200ms
            } catch (InterruptedException e) {
                e.printStackTrace();
            }
            //获取返回的飞机位置信息
            String recstr=new String(msocket.recvMsg()).trim();
            //返回飞机位置信息如：xy=200,300，表示飞机在x=200,y=300的位置
            if(recstr.length()>3)//长度一定大于3
            {
                Message ms=new Message();//新建消息
                ms.obj=recstr;//将飞机位置信息通过ms发送给handler处理
                ha1.sendMessage(ms);//触发handler的异步处理
            }
            flg=false;//解锁
        }
    };}.start();
```

（这部分是被修改后的程序代码）

（7）在fjgz.java文件的onCreate事件上方，创建处理机制Handler处理飞机的位置信息，将实训模拟软件中飞机的位置按一定比例缩放后，在客户端上用圆形红色图片的定位来体现。这个比例为：实训模拟软件飞行模块屏幕的宽度除以客户端屏幕的宽度，具体程序代码和代码分析如下：

```
Handler ha1=new Handler(){public void handleMessage(Message msg){
    //获取发送过来的飞机的位置信息，格式如：xy=200,300
    String recstr=msg.obj.toString();
    //用split分割出飞机位置的x值和y值
    String posstr[]=
        recstr.substring(recstr.indexOf("=")+1).split(",");
    int xx=Integer.parseInt(posstr[0]);
    int yy=Integer.parseInt(posstr[1]);
    /*用实训模拟软件飞行模块屏幕的宽度除以客户端屏幕的宽度，算出比例值，再用
    比例值乘以飞机在实训模拟软件中的位置值，得到红色圆形图片在客户端的位置值*/
    int tx=(int)(((float)screenw/(float)fxscreenw)*xx);
    int ty=(int)(((float)screenw/(float)fxscreenw)*yy);
```

```
//如果水平方向超出屏幕的宽度，就定位到屏幕的最右边
if(tx>screenw-ydw){tx=screenw-ydw;}
//如果垂直方向超出屏幕的高度，就定位到屏幕的最下边
if(ty>screenh-ydh){ty=screenh-ydh;}

//红色圆形图片的id为yd
ImageView yd=(ImageView)findViewById(R.id.yd);
//用setLayoutParams方法定位图片的位置
yd.setLayoutParams
   (new AbsoluteLayout.LayoutParams(ydw, ydh,tx,ty));
};};
```

任务三的教学视频，可扫描如图8-5所示的二维码。

图8-5 "飞行定位"任务三教学视频二维码

【项目评价】

任务	要求	权重	评价
界面设计	按要求完成主界面、飞行定位界面的设计	10%	
主界面和功能界面之间跳转的编程	点击主界面中的"飞行定位"按钮，能正常跳转到"飞行定位"界面；点击"飞行定位"界面菜单中的"返回主界面"菜单项，能正常返回主界面	5%	
飞行定位的编程	飞行模块的飞机移动的时候，其位置能在手机屏幕上同步更新显示	75%	
学习表现	考察学生的学习态度和学习能力	10%	

【项目总结】

本项目主要讲解了获取飞机的位置，同时根据飞机的位置信息，按照屏幕比例进行等比缩放，实现同步定位显示的编程方法等内容。学生通过本项目的学习，进一步巩固了遥控模块的控制和使用，为后续项目的学习打下坚实的基础。

【思考和练习】

（1）在等比缩放的时候用整型 int 还是用浮点型 float 进行计算？为什么？

（2）在编程中通过修改哪部分代码，可以减少飞机位置在手机屏幕上同步更新显示的延时？

项目九　双灯顺序启动

【项目概述】

前面的项目都只涉及单个实训模拟软件。本项目涉及运行在2台电脑上的2个实训模拟软件，实现2个实训模拟软件的联网互动。编程实现以下功能：2个实训模拟软件上的灯按要求的顺序点亮，以及通过开关操作实训模拟软件A上的紫灯、黄灯、绿灯、风扇能控制实训模拟软件B对应设备的开关。

【学习目标】

（1）掌握主界面和双灯顺序启动界面的设计方法，以及实现界面之间跳转的编程方法。

（2）掌握用弹出框AlertDialog.Builder对象进行另一个实训模拟软件ip地址输入的编程方法。

（3）掌握连接多个实训模拟软件，以及关闭多个连接的编程方法。

（4）掌握按要求的顺序启动2个实训模拟软件的灯的编程方法。

（5）掌握实训模拟软件A的灯控制实训模拟软件B的灯的编程方法。

任务一　界面设计

【任务描述】

（1）在项目八主界面的基础上添加"双灯顺序启动"按钮，效果如图9-1所示。

（2）"双灯顺序启动"界面的设计，效果如图9-2所示。

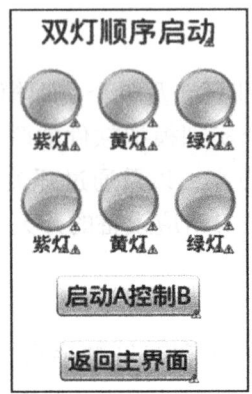

图9-1　项目九主界面　　　　图9-2　"双灯顺序启动"界面

【任务实施】

（1）给主界面添加"双灯顺序启动"按钮。打开主界面文件activity_main.xml，切换到代码视图，复制"定位飞行"按钮的设置代码，如图9-3所示。然后粘贴代码到"定位飞行"按钮设置代码的下方，修改id和文本属性为android:id="@+id/sdqd"和android:text="双灯顺序启动"，如图9-4所示。

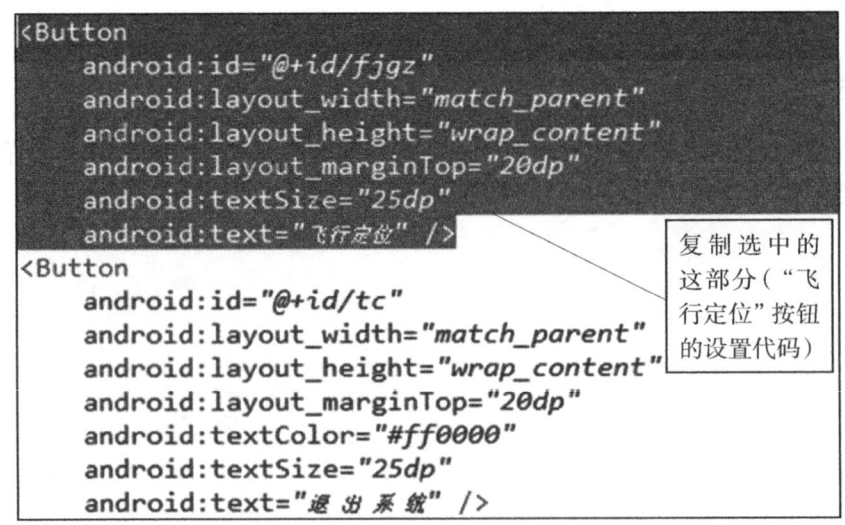

图9-3　复制"飞行定位"按钮的设置代码

项目九 双灯顺序启动

```
<Button
    android:id="@+id/sdqd"
    android:layout_width="match_parent"
    android:layout_height="wrap_content"
    android:layout_marginTop="20dp"
    android:textSize="25dp"
    android:text="双灯顺序启动" />
<Button
    android:id="@+id/tc"
    android:layout_width="match_parent"
    android:layout_height="wrap_content"
    android:layout_marginTop="20dp"
    android:textColor="#ff0000"
    android:textSize="25dp"
    android:text="退出系统" />
```

这部分是"双灯顺序启动"按钮的设置代码

图9-4 "双灯顺序启动"按钮的设置代码

主界面设计完成，切换到图形界面设计视图，效果如图9-1所示（此图位于任务一的任务描述中）。

（2）创建"双灯顺序启动"界面xml文件。通过复制项目五"温室大棚"界面文件wsdp.xml，粘贴生成"双灯顺序启动"界面文件sdqd.xml。切换到sdqd.xml图形界面设计视图，修改如图9-5所示。

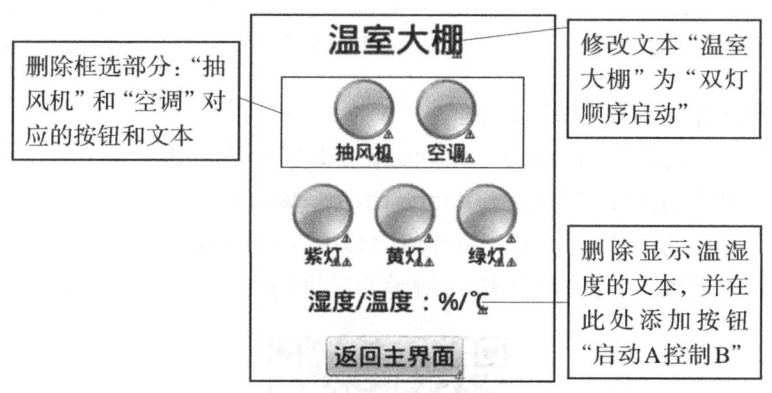

图9-5 通过修改"温室大棚"界面生成"双灯顺序启动"界面

经过上面的修改后，得到图9-6所示效果。

图9-6中相关组件的设置如下：

① "紫灯"对应的图片id为zd1：android:id="@+id/zd1"

② "黄灯"对应的图片id为hd1：android:id="@+id/hd1"

③ "绿灯"对应的图片id为ld1：android:id="@+id/ld1"

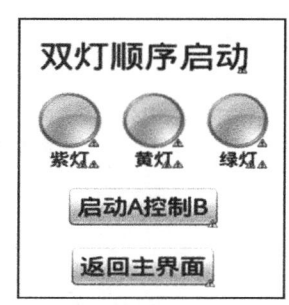

图9-6 第1个模拟软件上的紫灯、黄灯、绿灯

167

④ "启动A控制B"按钮的id为qd、字体大小为25dp、文本显示为"启动A控制B":

```
<Button
android:id="@+id/qd"
android:layout_width="wrap_content"
android:layout_height="wrap_content"
android:textSize="25dp"
android:text="启动A控制B"/>
```

（3）在图形界面设计视图中，复制框选部分如图9-7所示，粘贴到其下方，效果如图9-8所示。

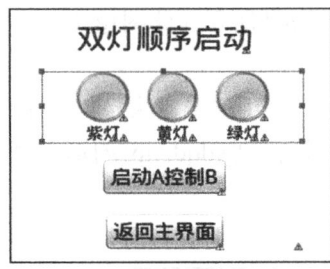

图9-7　复制框选的组件

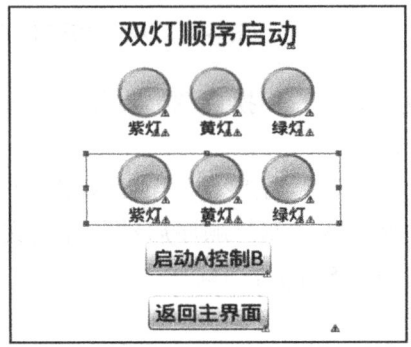

图9-8　粘贴生成第2个模拟软件上的紫灯、黄灯、绿灯

图9-8框选的相关组件的设置如下：
① "紫灯"对应的图片id为zd2：android:id="@+id/zd2"
② "黄灯"对应的图片id为hd2：android:id="@+id/hd2"
③ "绿灯"对应的图片id为ld2：android:id="@+id/ld2"

任务一的教学视频，可扫描如图9-9所示的二维码。

图9-9　"双灯顺序启动"界面设计教学视频二维码

项目九　双灯顺序启动

任务二　主界面和"双灯顺序启动"界面之间跳转的编程

【任务描述】

编程实现以下功能：

（1）点击主界面中的"双灯顺序启动"按钮，弹出输入框，提示输入"另一个模拟软件的ip地址"。输入后，进入到"双灯顺序启动"界面，同时传递主界面文本框中的ip地址和端口（其中第一个输入框是ip地址，第二个输入框是端口，以及弹出框中输入的ip）给"双灯顺序启动"界面。

（2）点击"双灯顺序启动"界面中的"返回主界面"按钮，回到主界面。

【任务实施】

（1）通过复制项目三"红外空调控制"程序文件hwkz.java，粘贴生成"双灯顺序启动"程序文件sdqd.java。打开sdqd.java文件，修改如下：

①在onCreate事件上方的变量定义中，添加1个mysocket类变量msocket1，用于负责连接第2个物联网实训模拟软件；添加1个布尔变量conn_success1，用于标记第2个物联网实训模拟软件是否连接成功；添加1个字符变量为ip1,用于保存连接第2个物联网实训模拟软件的ip地址，代码如下：

```
//msocket负责连接第1个物联网实训模拟软件
//msocket1负责连接第2个物联网实训模拟软件
mysocket msocket=null,msocket1=null;

//conn_success标记第1个物联网实训模拟软件是否连接成功
//conn_success1标记第2个物联网实训模拟软件是否连接成功
boolean conn_success=false,conn_success1=false,flg=false;
//连接两个物联网实训模拟软件的ip地址变量：分别是ip、ip1
String ip="",ip1="";
```

②将onCreate事件中setContentView方法加载界面代码修改如下：

```
setContentView(R.layout.sdqd);//加载"双灯顺序启动"界面
```

③删除onCreate事件中的"学习开""学习关""开空调""关空调"按钮的点击侦听事件和程序代码。

④用弹出输入程序代码替换onCreate事件中的启动连接程序代码`ha.postDelayed(ra, 0)`，以便获取第2个实训模拟软件的ip地址，如图9-10所示。

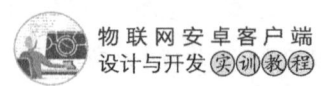

```
protected void onCreate(Bundle savedInstanceState) {
    super.onCreate(savedInstanceState);
    setContentView(R.layout.sdqd);//加载双灯顺序启动界面
    glob_data glob=(glob_data)getApplication();//创建全局变量对象
    ip=glob.getip();//获取连接的ip地址
    port=glob.getport();//获取连接的端口

    ha.postDelayed(ra, 0);//启动连接

    Button fh=(Button)findViewById(R.id.fh);
    fh.setOnClickListener(new OnClickListener() {//返回主界面
}
```

用弹出输入程序代码替换这行启动连接程序代码

图9-10　用弹出输入程序代码替换启动连接程序代码

⑤弹出输入程序代码和代码分析如下：

```
//创建一个文本输入框ins，用于输入第2个实训模拟软件的ip地址
final EditText ins=new EditText(this);
//创建一个弹出框
AlertDialog.Builder bulider= new AlertDialog.Builder(this);
/*设置弹出框的标题为"请输入另一个ip地址"，设置出框的图标，
同时将文本输入框ins加入弹出框中
*/
bulider.setTitle("请输入另一个ip地址")
        .setIcon(android.R.drawable.ic_dialog_info)
        .setView(ins);
//给弹出框的"确定"按钮添加点击事件
bulider.setPositiveButton("确定",
    new DialogInterface.OnClickListener() {
    @Override
    public void onClick(DialogInterface dialog, int which) {
        //如果有输入第2个模拟软件的ip地址
        if(!ins.getText().toString().trim().equals(""))
        {   //获取第2个ip地址后才启动连接
            ip1=ins.getText().toString().trim();
            ha.postDelayed(ra, 0);//启动连接
        }
    }
});
bulider.show();//显示弹出输入框
```

⑥复制onCreate事件上方的Runnable对象在线程Thread中的连接框架代码，粘贴生成第2个实训模拟软件的连接代码。具体程序代码和代码分析如下：

```
Handler ha=new Handler();//handler异步处理机制
Runnable ra=new Runnable(){@Override
public void run() {
    //Thread为线程，涉及socket通信类的操作都要在线程里面执行
    new Thread(){public void run() {
        if(conn_success==false)//没有连接成功就连接
        {
            msocket=new mysocket(ip,port);//ip地址+端口作为连接参数
            conn_success=msocket.isconnect();//连接
        }
        else//连接成功
        { /*线程里面不能直接修改UI组件的属性，例如TextView的文本,
            必须用handler异步处理机制，通过发送Message实现
          */
            Message ms=new Message();
            ms.obj="连接成功";
            ha1.sendMessage(ms);//触发ha1的异步处理
        }

        //以下是第2个实训模拟软件的连接代码
        if(conn_success1==false)//没有连接成功就连接
        {
            msocket1=new mysocket(ip1,port);//ip地址+端口作为连接参数
            conn_success1=msocket1.isconnect();//连接
        }
        else//连接成功
        { /*线程里面不能直接修改UI组件的属性，例如TextView的文本,
            必须用handler异步处理机制，通过发送Message实现
          */
            Message ms1=new Message();
            ms1.obj="连接成功";
            ha1.sendMessage(ms1);//触发ha1的异步处理
        }
    };}.start();
    ha.postDelayed(this, 3000);//每隔3s执行一次
}};//Runnable+Handler产生定时执行机制
```

⑦ha1是负责处理第1个实训模拟软件连接成功的handler，ha2是负责处理第2个实训

模拟软件连接成功的handler。具体程序代码和代码分析如下：

```java
Handler ha1=new Handler(){//处理第1个实训模拟软件连接成功的代码
  public void handleMessage(Message msg) {
    TextView tx=(TextView)findViewById(R.id.textView1);
    //如果第2个实训模拟软件也连接成功
    if(conn_success1==true)
      {//显示A，B实训模拟软件都连接成功
        tx.setText("双灯启动A_B"+"已连接");
      }
    else//如果第2个实训模拟软件没有连接成功
      {//只显示A实训模拟软件连接成功
        tx.setText("双灯启动A_"+"已连接");
      }
};};
Handler ha2=new Handler(){//处理第2个实训模拟软件连接成功的代码
  public void handleMessage(Message msg) {
    TextView tx=(TextView)findViewById(R.id.textView1);
    //如果第1个实训模拟软件也连接成功
    if(conn_success==true)
      {//显示A，B实训模拟软件都连接成功
        tx.setText("双灯启动A_B"+"已连接");
      }
    else
      {//只显示B实训模拟软件连接成功
        tx.setText("双灯启动_B"+"已连接");
      }
};};
```

⑧在"返回主界面"按钮点击侦听事件中，添加关闭连接第2个实训模拟软件msocket1的程序代码。程序代码和代码分析如下：

```java
Button fh=(Button)findViewById(R.id.fh);
  //返回主界面按钮的点击侦听事件
  fh.setOnClickListener(new OnClickListener() {        @Override
    public void onClick(View v) {
      new Thread(){@Override
      public void run() {
        while(flg==true){}//如果有上锁，用wihle循环等待解锁完毕再执行退出
```

项目九　双灯顺序启动

```
            ha.removeCallbacks(ra);//停止连接
            if(conn_success)
            {
            //返回之前关闭与第1个实训模拟软件的连接
            msocket.close();
            conn_success=false;
            }
            msocket=null;//将socket实例从内存中释放
            if(conn_success1)
            {
            //返回之前关闭与第2个实训模拟软件的连接
            msocket1.close();
            conn_success1=false;
            }
            msocket1=null;//将socket1实例从内存中释放

            //从"双灯顺序启动"界面跳转到主界面：sdqd.this→MainActivity.class
            Intent intent=new Intent(sdqd.this,MainActivity.class);
            startActivity(intent);
        }}.start();
      }
    });
```

框选部分代码为关闭与第2个实训模拟软件的连接

（2）打开项目配置文件AndroidManifest.xml，添加sdqd.java文件的注册信息，代码如下：

```
<activity
    android:name="com.example.znjj1.sdqd"
    android:label="@string/app_name">
</activity>
```

"双灯顺序启动"文件sdqd.java的注册

（3）打开主界面程序文件MainActivity.java。在onCreate事件中给"双灯顺序启动"按钮添加点击事件，编写程序，实现点击按钮后跳转到相应的控制界面。代码如下：

```
Button sdqd=(Button)findViewById(R.id.sdqd);
    sdqd.setOnClickListener(new OnClickListener() {
        @Override
        public void onClick(View v) {
            save_ip_port();//跳转到功能界面之前，保存最新的ip地址和端口号到全局变量
```

173

```
//MainActivity界面跳转到sdqd界面:MainActivity.this→sdqd.class
    //跳转到"双灯顺序启动"界面
Intent intent=new Intent(MainActivity.this,sdqd.class);
startActivity(intent);
        }
    });
```

任务二教学视频,可扫描如图9-11所示的二维码。

图9-11 "双灯顺序启动"任务二教学视频二维码

任务三　两个实训模拟软件的灯按顺序启动的编程

【任务描述】

以下描述中,带字母A的灯运行在A物联网实训模拟软件上,带字母B的灯运行在B物联网实训模拟软件上。

第1排的紫灯A,黄灯A,绿灯A,运行在电脑A上的物联网实训模拟软件。

第2排的紫灯B,黄灯B,绿灯B,运行在电脑B上的物联网实训模拟软件。

编程实现以下功能:用手指点击"紫灯A",所有灯关闭,与之对应的图片也变成灰色。然后按照以下顺序自动亮起:紫灯A→紫灯B→黄灯A→黄灯B→绿灯A→绿灯B,相应的按钮变成红色。

【任务实施】

(1) 打开"双灯顺序启动"程序文件sdqd.java文件,在onCreate事件中的显示弹出输入框代码bulider.show()后面,添加紫灯A图片的点击侦听事件,具体程序代码和代码分析如下:

```
//紫灯A的对应图片的id为zd1
ImageView zd1=(ImageView)findViewById(R.id.zd1);
zd1.setOnClickListener(new OnClickListener() {
    @Override
```

```
public void onClick(View v) {
    new Thread(){public void run() {
        if(flg==true) return;////如果还没解锁,直接退出程序
        flg=true;//上锁
        
        //首先关闭第1个模拟软件的所有灯
        if(conn_success==true)//如果第1个实训模拟软件连接成功
        {
            msocket.sendMsg("01C01");//发送关闭紫灯的命令
            Message ms110=new Message();
            //110表示第1个实训模拟软件的第1盏灯(紫灯A)为关闭状态
            ms110.arg1=110;
            //ha3触发handler的异步处理
            ha3.sendMessage(ms110);
            try {
                Thread.sleep(200);//延迟200ms
            } catch (InterruptedException e) {
                e.printStackTrace();
            }
            
            
            msocket.sendMsg("01C10");//发送关闭黄灯的命令
            Message ms120=new Message();
            //120表示第1个实训模拟软件的第2盏灯(黄灯A)为关闭状态
            ms120.arg1=120;
            //ha3触发handler的异步处理
            ha3.sendMessage(ms120);
            try {
                Thread.sleep(200);//延迟200ms
            } catch (InterruptedException e) {
                e.printStackTrace();
            }
            
            msocket.sendMsg("10C01");//发送关闭绿灯的命令
            Message ms130=new Message();
            //130表示第1个实训模拟软件的第3盏灯(绿灯A)为关闭状态
            ms130.arg1=130;
            //ha3触发handler的异步处理
            ha3.sendMessage(ms130);
            try {
```

```
            Thread.sleep(200);//延迟200ms
        } catch (InterruptedException e) {
            e.printStackTrace();
        }
    }

    //以下是关闭第2个模拟软件的所有灯，原理同上
    if(conn_success1==true)//如果第2个实训模拟软件连接成功
    {
        msocket1.sendMsg("01C01");
        Message ms210=new Message();
        //210表示第2个实训模拟软件的第1盏灯(紫灯B)为关闭状态
        ms210.arg1=210;
        ha3.sendMessage(ms210);
        try {
            Thread.sleep(200);
        } catch (InterruptedException e) {
            e.printStackTrace();
        }

        msocket1.sendMsg("01C10");
        Message ms220=new Message();
        //220表示第2个实训模拟软件的第2盏灯(黄灯B)为关闭状态
        ms220.arg1=220;
        ha3.sendMessage(ms220);
        try {
            Thread.sleep(200);
        } catch (InterruptedException e) {
            e.printStackTrace();
        }

        msocket1.sendMsg("10C01");
        Message ms230=new Message();
        //230表示第3个实训模拟软件的第3盏灯(绿灯B)为关闭状态
        ms230.arg1=230;
        ha3.sendMessage(ms230);
        try {
            Thread.sleep(200);
        } catch (InterruptedException e) {
```

项目九 双灯顺序启动

```
            e.printStackTrace();
        }
    }

    /*以下开始按顺序启动所有灯：
        紫灯A→紫灯B→黄灯A→黄灯B→绿灯A→绿灯B
    */
    if(conn_success==true)//如果第1个实训模拟软件连接成功
    {
        //打开第1个实训模拟软件的第1盏灯（紫灯A）
        msocket.sendMsg("01S01");
        Message ms111=new Message();
        //111表示第1个实训模拟软件的第1盏灯(紫灯A)为打开状态
        ms111.arg1=111;
        ha3.sendMessage(ms111);
        try {
            //延迟500ms，加大延迟可以方便看清启动过程
            Thread.sleep(500);
        } catch (InterruptedException e) {
            e.printStackTrace();
        }
    }

    if(conn_success1==true)//如果第2个实训模拟软件连接成功
    {
        //打开第2个实训模拟软件的第1盏灯（紫灯B）
        msocket1.sendMsg("01S01");
        Message ms211=new Message();
        //211表示第2个实训模拟软件的第1盏灯(紫灯B)为打开状态
        ms211.arg1=211;
        ha3.sendMessage(ms211);
        try {
            Thread.sleep(500);
        } catch (InterruptedException e) {
            e.printStackTrace();
        }
    }

    if(conn_success==true)
```

```java
        {
            //打开第1个实训模拟软件的第2盏灯（黄灯A）
            msocket.sendMsg("01S10");
            Message ms121=new Message();
            //121表示第1个实训模拟软件的第2盏灯（黄灯A）为打开状态
            ms121.arg1=121;
            ha3.sendMessage(ms121);
            try {
                Thread.sleep(500);
            } catch (InterruptedException e) {
                e.printStackTrace();
            }
        }

        if(conn_success1==true)
        {
            //打开第2个实训模拟软件的第2盏灯（黄灯B）
            msocket1.sendMsg("01S10");
            Message ms221=new Message();
            //221表示第2个实训模拟软件的第2盏灯（黄灯B）为打开状态
            ms221.arg1=221;
            ha3.sendMessage(ms221);
            try {
                Thread.sleep(500);
            } catch (InterruptedException e) {
                e.printStackTrace();
            }
        }

        if(conn_success==true)
        {
            //打开第1个实训模拟软件的第3盏灯（绿灯A）
            msocket.sendMsg("10S01");
            Message ms131=new Message();
            //131表示第1个实训模拟软件的第3盏灯（绿灯A）为打开状态
            ms131.arg1=131;
            ha3.sendMessage(ms131);
            try {
                Thread.sleep(500);
```

```
            } catch (InterruptedException e) {
                e.printStackTrace();
            }
        }

        if(conn_success1==true)
        {
            //打开第2个实训模拟软件的第3盏灯（绿灯B）
            msocket1.sendMsg("10S01");
            Message ms231=new Message();
            //231表示第2个实训模拟软件的第3盏灯（绿灯B）为打开状态
            ms231.arg1=231;
            ha3.sendMessage(ms231);
            try {
                Thread.sleep(500);
            } catch (InterruptedException e) {
                e.printStackTrace();
            }
        }

        flg=false;//解锁
    };;}.start();
  }
});
```

（2）ha3是处理2个实训模拟软件对应的紫灯、黄灯、绿灯对应图片显示的handler，具体程序代码和代码分析如下：

```
Handler ha3=new Handler(){//处理2个实训模拟软件对应的紫灯、黄灯、绿灯对应图片显示
public void handleMessage(Message msg) {
switch(msg.arg1)
 {
    case 110://第1个实训模拟软件的第1盏灯(紫灯A)为关闭状态
        ImageView zd1=(ImageView)findViewById(R.id.zd1);
        zd1.setImageResource(R.drawable.nook);//显示灰色图片
        break;
    case 111://第1个实训模拟软件的第1盏灯(紫灯A)为打开状态
        zd1=(ImageView)findViewById(R.id.zd1);
        zd1.setImageResource(R.drawable.ok);//显示红色图片
        break;
```

```java
case 120://第1个实训模拟软件的第2盏灯(黄灯A)为关闭状态
    ImageView hd1=(ImageView)findViewById(R.id.hd1);
    hd1.setImageResource(R.drawable.nook);//显示灰色图片
    break;
case 121://第1个实训模拟软件的第2盏灯(黄灯A)为打开状态
    hd1=(ImageView)findViewById(R.id.hd1);
    hd1.setImageResource(R.drawable.ok);//显示红色图片
    break;
case 130://第1个实训模拟软件的第3盏灯(绿灯A)为关闭状态
    ImageView ld1=(ImageView)findViewById(R.id.ld1);
    ld1.setImageResource(R.drawable.nook);//显示灰色图片
    break;
case 131://第1个实训模拟软件的第3盏灯(绿灯A)为打开状态
    ld1=(ImageView)findViewById(R.id.ld1);
    ld1.setImageResource(R.drawable.ok);//显示红色图片
    break;
case 210://第2个实训模拟软件的第1盏灯(紫灯B)为关闭状态
    ImageView zd2=(ImageView)findViewById(R.id.zd2);
    zd2.setImageResource(R.drawable.nook);//显示灰色图片
    break;
case 211://第2个实训模拟软件的第1盏灯(紫灯B)为打开状态
    zd2=(ImageView)findViewById(R.id.zd2);
    zd2.setImageResource(R.drawable.ok);//显示红色图片
    break;
case 220://第2个实训模拟软件的第2盏灯(黄灯B)为关闭状态
    ImageView hd2=(ImageView)findViewById(R.id.hd2);
    hd2.setImageResource(R.drawable.nook);//显示灰色图片
    break;
case 221://第2个实训模拟软件的第2盏灯(黄灯B)为打开状态
    hd2=(ImageView)findViewById(R.id.hd2);
    hd2.setImageResource(R.drawable.ok);//显示红色图片
    break;
case 230://第2个实训模拟软件的第3盏灯(绿灯B)为关闭状态
    ImageView ld2=(ImageView)findViewById(R.id.ld2);
    ld2.setImageResource(R.drawable.nook);//显示灰色图片
    break;
case 231://第2个实训模拟软件的第3盏灯(绿灯B)为打开状态
    ld2=(ImageView)findViewById(R.id.ld2);
    ld2.setImageResource(R.drawable.ok);//显示红色图片
```

```
            break;
    }
};};
```

任务三教学视频，可扫描如图9-12所示的二维码。

图9-12 "双灯顺序启动"任务三教学视频二维码

任务四 实训模拟软件A上的灯控制实训模拟软件B上的灯的编程

【任务描述】

编程实现以下功能：

（1）点击主界面中的"开启A控制B"按钮，按钮背景颜色在红色和灰色之间切换，红色表示开启此功能，灰色表示关闭此功能。

（2）如果"开启A控制B"按钮是红色，表示开启了此项功能，那么通过开关接在模拟软件A智能开关模块1、2上的设备，能够控制接在模拟软件B智能开关模块1、2上的设备，从而实现A控制B的功能。

【任务实施】

（1）打开"双灯顺序启动"程序文件sdqd.java文件，在onCreate事件上方的变量定义中，添加1个布尔变量kq_flg用于标记是否开启A控制B的功能，代码如下：

```
boolean kq_flg=false;//标记是否开启A控制B的功能
```

（2）在sdqd.java文件的onCreate事件中，"返回主界面"按钮的上方，添加"启动A控制B"按钮的点击侦听事件，程序代码和代码分析如下：

```
final Button qd=(Button)findViewById(R.id.qd); //启动A控制B按钮的id为qd
qd.setOnClickListener(new OnClickListener() {@Override
    public void onClick(View v) {
        if(kq_flg==true)//如果A控制B功能已经开启
        {   kq_flg=false;//关闭A控制B功能
```

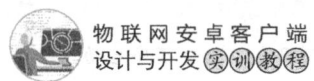

```
                //图片背景颜色变为灰色
                qd.setBackgroundColor(Color.LTGRAY);
            }
            else
            {   kq_flg=true;//开启A控制B功能
                //图片背景颜色变为红色
                qd.setBackgroundColor(Color.RED);
            }
        }
    });
```

（3）在sdqd.java文件onCreate事件上方的Runnable对象线程Thread中的连接框架代码中，添加A上的灯控制B上的灯程序代码，如图9-13所示。

```
Handler ha=new Handler();//handler异步处理机制
Runnable ra=new Runnable(){@Override
public void run() {
    //Thread为线程，涉及socket通信类的操作都要在线程里面执行
    new Thread(){public void run() {
            if(conn_success==false)//没有连接成功就连接
            {
                msocket=new mysocket(ip,port);//ip地址+端口
                conn_success=msocket.isconnect();//连接
            }
            else//连接成功
            { /*线程里面不能直接修改UI组件的属性，例如TextView的文本
                    必须用handler异步处理机制，通过发送Message实现
                */
                Message ms=new Message();
                ms.obj="连接成功";
                ha1.sendMessage(ms);//触发ha1的异步处理
            }
            //以下是第2个实训模拟软件的连接代码
            if(conn_success1==false)//没有连接成功就连接
            {
                msocket1=new mysocket(ip1,port);//ip地址+端口
                conn_success1=msocket1.isconnect();//连接
            }
            else//连接成功
            {
                Message ms1=new Message();
                ms1.obj="连接成功";
                ha2.sendMessage(ms1);//触发ha2的异步处理
            }
            _____    在此处添加：A上的灯
                                    控制B上的灯程序代码
    };}.start();
    ha.postDelayed(this, 3000);//每隔3s执行一次
```

图9-13　A上的灯控制B上的灯程序代码所在位置

具体程序代码和代码分析如下：

```java
//如果2个实训模拟软件都连接成功，且开启了A控制B
if((conn_success==true)&&(conn_success1==true)&&(kq_flg==true))
{
    //第1个模拟软件发送获取智能开关1上所接的紫灯和黄灯状态的命令
    msocket.sendMsg("01GIO");
    try {
        Thread.sleep(200);
    } catch (InterruptedException e) {
        e.printStackTrace();
    }
    //获取返回的字符格式如：01IO=10
    String recstr=new String(msocket.recvMsg()).trim();
    //正确的返回字符长度为7
    if(recstr.length()==7)
    {
        //取"="号后面第1位是紫灯的状态，0表示紫灯处于关闭状态
        if(recstr.substring(recstr.indexOf("=")+1,
                    recstr.indexOf("=")+2).equals("0"))
        {
            //第2个模拟软件发送关闭紫灯命令
            msocket1.sendMsg("01C01");
        }
        else
        {
            //第2个模拟软件发送打开紫灯命令
            msocket1.sendMsg("01S01");
        }
        try {
            Thread.sleep(200);
        } catch (InterruptedException e) {
            e.printStackTrace();
        }
        //取"="号后面第2位是黄灯的状态，0表示黄灯处于关闭状态
        if(recstr.substring(recstr.indexOf("=")+2,
                    recstr.indexOf("=")+3).equals("0"))
        {
```

```java
        //第2个模拟软件发送关闭黄灯命令
        msocket1.sendMsg("01C10");
    }
    else
    {
        //第2个模拟软件发送打开黄灯命令
        msocket1.sendMsg("01S10");
    }
    try {
        Thread.sleep(200);
    } catch (InterruptedException e) {
        e.printStackTrace();
    }
}

//第1个模拟软件发送获取智能开关2上所接的绿灯和风扇状态的命令
msocket.sendMsg("10GIO");
try {
    Thread.sleep(200);
} catch (InterruptedException e) {
    e.printStackTrace();
}
//获取返回的字符格式如：10IO=10
recstr=new String(msocket.recvMsg()).trim();
//正确的返回字符长度为7
if(recstr.length()==7)
{
    //取"="号后面第1位是绿灯的状态，0表示绿灯处于关闭状态
    if(recstr.substring(recstr.indexOf("=")+1,
                recstr.indexOf("=")+2).equals("0"))
    {
        //第2个模拟软件发送关闭绿灯命令
        msocket1.sendMsg("10C01");
    }
    else
    {
        //第2个模拟软件发送打开绿灯命令
        msocket1.sendMsg("10S01");
```

```
        }
        try {
            Thread.sleep(200);
        } catch (InterruptedException e) {
            e.printStackTrace();
        }
        //取 "=" 号后面第2位是风扇的状态，0表示风扇处于关闭状态
        if(recstr.substring(recstr.indexOf("=")+2,
                            recstr.indexOf("=")+3).equals("0"))
        {
            //第2个模拟软件发送关闭风扇命令
            msocket1.sendMsg("10C10");
        }
        else
        {
            //第2个模拟软件发送打开风扇命令
            msocket1.sendMsg("10S10");
        }
        try {
            Thread.sleep(200);
        } catch (InterruptedException e) {
            e.printStackTrace();
        }
    }
}
```

任务四教学视频，可扫描如图9-14所示的二维码。

图9-14 "双灯顺序启动"任务四教学视频二维码

【项目评价】

任务	要求	权重	评价
界面设计	按要求完成主界面和"双灯顺序启动"界面的设计	10%	
主界面和功能界面之间跳转的编程	点击主界面中的"双灯顺序启动"按钮,能正常跳转到"双灯顺序启动"界面;点击"双灯顺序启动"界面中的"返回主界面"按钮,能正常返回主界面	5%	
按要求,顺序启动2个实训模拟软件的灯的编程	点击"双灯顺序启动"界面中的第一个紫灯图标,实现效果如下:2个实训模拟软件上的灯先全部关闭,然后按以下顺序启动,紫灯A亮→紫灯B亮→黄灯A亮→黄灯B亮→绿灯A亮→绿灯B亮,同时每盏灯对应的图标能反映各自的开关状态	40%	
实训模拟软件A的灯控制实训模拟软件B的灯的编程	当启动"A控制B"功能的时候,开关实训模拟软件A上的紫灯,实训模拟软件B上的紫灯也会同步开关;黄灯、绿灯也能有同样的效果	35%	
学习表现	考察学生的学习态度和学习能力	10%	

【项目总结】

本项目主要讲解了弹出框AlertDialog.Builder对象进行另一个实训模拟软件ip地址输入的编程方法;讲解了多个实训模拟软件连接和关闭的编程方法;讲解了按要求启动2个实训模拟软件的灯的编程方法,以及实训模拟软件A的灯控制实训模拟软件B的灯的编程方法等内容。学生通过本章的学习,掌握2个实训模拟软件联网互动的编程方法,为下一个项目的学习打下坚实的基础。

【思考和练习】

(1)如果是连接3个或更多个实训模拟软件,如何实现?

(2)通过上网搜索,在本项目中尝试用其他方法或对象代替AlertDialog.Builder对象进行ip地址输入。

(3)编程实现用实训模拟软件A上的风扇、空调控制实训模拟软件B上的风扇、空调。

项目十　飞机智能停靠

【项目概述】

前一个项目我们学习了2个实训模拟软件联网互动的编程控制，在前一个项目的基础上，我们进一步深化学习多个实训模拟软件联网互动的编程控制。本项目编程实现3个实训模拟软件联网互动的编程控制：实训模拟软件A上打开"遥控模块"界面，当实训模拟软件B上的2个烟雾传感器（连接在"数据采集模块"上和"Zgbiee模块"上）都为"无烟雾"时，表示B（左上角）停靠点天气状况良好，实训模拟软件A上的飞机将停靠在屏幕的左上角；只要其中任何一个烟雾传感器为"有烟雾"，都说明天气状况不好，飞机不能停靠该点。当实训模拟软件C上的2个烟雾传感器（连接在"数据采集模块"上和"Zgbiee模块"上）都为"无烟雾"时，表示C（右上角）停靠点天气状况良好，实训模拟软件A上的飞机将停靠在屏幕的右上角；只要其中一个烟雾传感器为"有烟雾"，都说明天气状况不好，飞机同样不能停靠该点。如果以上2个停靠点天气状况都不好，实训模拟软件A上的飞机将会暂时停靠在屏幕的左下角，以等待B（左上角）或者C（右上角）的停靠点的天气状况恢复正常后，再飞去停靠。同时，实训模拟软件A上飞机的位置能同步显示在手机屏幕上。

【学习目标】

（1）掌握主界面和"飞机智能停靠"界面的设计方法，以及实现界面之间跳转的编程方法。

（2）掌握用弹出框AlertDialog.Builder对象进行多个ip地址输入的编程方法。

（3）进一步巩固连接多个实训模拟软件，以及关闭多个连接的编程方法。

（4）掌握实现飞机智能停靠的编程方法。

任务一　界面设计

【任务描述】

（1）在项目九主界面的基础上添加"飞机智能停靠"按钮，效果如图10-1所示。

图10-1 项目十主界面

（2）"飞机智能停靠"界面跟项目八的"飞行定位"界面完全一样，如图7-2所示（此图在项目七任务一的任务描述中）。

【任务实施】

（1）给主界面添加"飞机智能停靠"按钮。

打开主界面文件activity_main.xml，切换到代码视图，复制"双灯顺序启动"按钮的设置代码，如图10-2所示。然后粘贴代码到"双灯顺序启动"按钮设置代码的下方，修改id和文本属性为android:id="@+id/tk"和android:text="飞机智能停靠"，如图10-3所示。

项目十　飞机智能停靠

```
<Button
    android:id="@+id/sdqd"
    android:layout_width="match_parent"
    android:layout_height="wrap_content"
    android:layout_marginTop="20dp"
    android:textSize="25dp"
    android:text="双灯顺序启动" />
<Button
    android:id="@+id/tc"
    android:layout_width="match_parent"
    android:layout_height="wrap_content"
    android:layout_marginTop="20dp"
    android:textColor="#ff0000"
    android:textSize="25dp"
    android:text="退出系统" />
```

复制选中的部分（"双灯顺序启动"按钮的设置代码）

图10-2　复制"双灯顺序启动"按钮的设置代码

```
<Button
    android:id="@+id/tk"
    android:layout_width="match_parent"
    android:layout_height="wrap_content"
    android:layout_marginTop="20dp"
    android:textSize="25dp"
    android:text="飞机智能停靠" />
<Button
    android:id="@+id/tc"
    android:layout_width="match_parent"
    android:layout_height="wrap_content"
    android:layout_marginTop="20dp"
    android:textColor="#ff0000"
    android:textSize="25dp"
    android:text="退出系统" />
```

这部分是"飞机智能停靠"按钮的设置

图10-3　"飞机智能停靠"按钮的设置代码

主界面设计完成，切换到图形界面设计视图，效果如图10-1所示（此图位于任务一的任务描述中）。

（2）因为"飞机智能停靠"界面与"飞行定位"界面完全相同，所以直接复制"飞行定位"界面文件fjgz.xml，粘贴生成飞机智能停靠界面文件tk.xml。

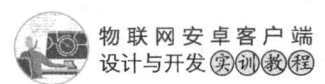

任务二 主界面和"飞机智能停靠"界面之间跳转的编程

【任务描述】

编程实现以下功能:

(1)点击主界面中的"飞机智能停靠"按钮,弹出输入框,提示输入"另外两个模拟软件的ip地址",输入的两个ip地址之间用逗号分割。输入后,进入到"飞机智能停靠"界面,同时传递主界面文本框中的ip地址和端口(其中第一个输入框是ip地址,第二个输入框是端口),以及在弹出框中输入ip地址给"飞机智能停靠"界面。

(2)点击"飞机智能停靠"界面中"菜单"的"返回主界面",跳转到主界面。

【任务实施】

(1)通过复制项目八"飞行定位"程序文件fjgz.java,粘贴生成飞行智能停靠程序文件tk.java。打开tk.java文件,修改如下:

①在onCreate事件上方的变量定义中,将mysocket类连接的相关变量修改如下:

```
mysocket msocketa=null,msocketb=null,msocketc=null;
/*
  msocketa:负责连接运行在电脑a上的物联网实训模拟软件
  msocketb:负责连接运行在电脑b上的物联网实训模拟软件
  msocketc:负责连接运行在电脑c上的物联网实训模拟软件
*/
boolean conn_successa=false,conn_successb=false,conn_successc=false;
/*
  conn_successa:标记运行在电脑a上的物联网实训模拟软件是否连接成功
  conn_successb:标记运行在电脑b上的物联网实训模拟软件是否连接成功
  conn_successc:标记运行在电脑c上的物联网实训模拟软件是否连接成功
*/
String ip="",ip1="",ip2="";
/*
  ip:电脑a上实训模拟软件的ip地址
  ip1:电脑b上实训模拟软件的ip地址
  ip2:电脑c上实训模拟软件的ip地址
*/
```

②将onCreate事件中setContentView方法加载界面代码修改如下:
```
setContentView(R.layout.tk);//加载飞机智能停靠界面
```

③用弹出输入程序代码替换onCreate事件中的启动连接程序代码ha.postDelayed(ra, 0)，用于获取电脑b和电脑c上运行的实训模拟软件的ip地址，如图10-4所示。

```
protected void onCreate(Bundle savedInstanceState) {
    super.onCreate(savedInstanceState);
    setContentView(R.layout.tk);//加载飞机智能停靠界面

    glob_data glob=(glob_data)getApplication();//创建全局变量类对象

    ip=glob.getip();//获取连接电脑a上运行的实训模拟软件的ip地址
    port=glob.getport();//获取连接的端口

    ha.postDelayed(ra, 0);//启动连接
}
```

用弹出输入程序代码替换这行启动连接程序代码

图10-4　用弹出输入程序代码替换启动连接程序代码

④弹出输入程序代码和代码分析如下：

```
//创建一个文本输入框ins，用于输入第2个实训模拟软件的ip地址
final EditText ins=new EditText(this);
//创建一个弹出框
AlertDialog.Builder bulider= new AlertDialog.Builder(this);
/*设置弹出框的标题为"请输入另两个模拟软件的ip地址(两个ip地址用","号分割)"，
  设置弹出框的图标，同时将文本输入框ins加入到弹出框中
*/
bulider.setTitle("请输入另两个ip地址，地址之间用','号分割")
        .setIcon(android.R.drawable.ic_dialog_info)
        .setView(ins);
//给弹出框的"确定"按钮添加点击事件
bulider.setPositiveButton("确定",
    new DialogInterface.OnClickListener() {
    @Override
    public void onClick(DialogInterface dialog, int which) {
        //如果有输入
        if(!ins.getText().toString().trim().equals(""))
        { //通过split用","号分割出输入的两个ip地址
            String[] ipt=ins.getText().toString().trim().split(",");
            //字符数组ipt中ipt[0]是电脑b上实训模拟软件的ip地址，保存在ip1中
            ip1=ipt[0].trim();
            //字符数组ipt中ipt[1]是电脑c上实训模拟软件的ip地址，保存在ip2中
            if(ipt.length>=2) ip2=ipt[1].trim();
            ha.postDelayed(ra, 0);//启动连接
```

```
        }
      }
});
bulider.show();//显示弹出输入框
```

⑤修改 onCreate 事件上方的 Runnable 对象线程 Thread 中的连接框架代码，实现对 3 个物联网实训模拟软件的连接，具体程序代码和代码分析如下所示：

```
Handler ha=new Handler();//handler异步处理机制
Runnable ra=new Runnable(){@Override
public void run() {
    //Thread为线程，涉及socket通信类的操作都要在线程里面执行
    new Thread(){public void run() {
        if(flg==true) return;//如果没有解锁，就直接退出
        flg=true;//上锁
        //连接电脑a上的实训模拟软件，运行遥控模块，控制飞机移动
        if(conn_successa==false)//如果还没连接，则进行连接
        {
            msocketa=new mysocket(ip,port);
            conn_successa=msocketa.isconnect();
        }
        else//连接成功
        {

        }
        //连接电脑b上的实训模拟软件
        if(conn_successb==false)//如果还没连接，则进行连接
        {
            msocketb=new mysocket(ip1,port);
            conn_successb=msocketb.isconnect();
        }
        //连接电脑b上的实训模拟软件
        if(conn_successc==false)//如果还没连接，则进行连接
        {
            msocketc=new mysocket(ip2,port);
            conn_successc=msocketc.isconnect();
        }
        flg=false;//解锁
```

```
};}.start();
ha.postDelayed(this, 3000);//每隔3s执行一次
}};//Runnable+Handler产生定时执行机制
```

⑥在"返回主界面"菜单项点击事件中,在跳转到主界面之前,要将3个连接关闭。程序代码和代码分析如下:

```
public boolean onOptionsItemSelected(MenuItem item)
{
 switch(item.getItemId())
 {
    case Menu.FIRST+1://执行返回主界面的代码
      new Thread(){@Override
        public void run() {
        //如果有上锁,用wihle循环等待解锁完毕再执行退出
           while(flg==true){}

           ha.removeCallbacks(ra);//停止连接
           msocketa.sendMsg("yk_stop");//发送停止飞机移动的命令
           if(conn_successa)
           {//关闭与电脑a上实训模拟软件的连接
           msocketa.close();
           conn_successa=false;
           }
           msocketa=null;//将msocketa从内存中释放
           if(conn_successb)
           {//关闭与电脑b上实训模拟软件的连接
           msocketb.close();
           conn_successb=false;
           }
           msocketb=null;//将msocketb从内存中释放
           if(conn_successc)
           {//关闭与电脑c上实训模拟软件的连接
           msocketc.close();
           conn_successc=false;
           }
           msocketc=null;//将msocketc从内存中释放
           //从飞机智能停靠界面跳转到主界面:tk.this→MainActivity.class
```

```
            Intent intent=new Intent(tk.this,MainActivity.class);
            startActivity(intent);
        }}.start();
        break;
    }
    return true;
}
```

（2）打开项目配置文件AndroidManifest.xml，添加tk.java文件的注册信息，代码如下：

```
<activity
    android:name="com.example.znjj1.tk"         ——— "飞机智能停靠"程序
    android:label="@string/app_name">                文件tk.java的注册
</activity>
```

（3）打开主界面程序文件MainActivity.java。在onCreate事件中给"飞行智能停靠"按钮添加点击事件，编写程序，实现点击按钮后跳转到相应的控制界面，代码如下：

```
Button tk=(Button)findViewById(R.id.tk);
tk.setOnClickListener(new OnClickListener() {
    @Override
    public void onClick(View v) {
        save_ip_port();//跳转到功能界面之前,保存最新的ip地址和端口号到全局变量
        //MainActivity界面跳转到tk界面:MainActivity.this→tk.class
            //跳转到飞机智能停靠界面
        Intent intent=new Intent(MainActivity.this,tk.class);
        startActivity(intent);
    }
});
```

任务一和任务二的教学视频，可扫描如图10-5所示的二维码。

图10-5 "飞机智能停靠"任务一和任务二教学视频二维码

项目十　飞机智能停靠

任务三　飞机根据两个实训模拟软件上的雾况自动选择停靠点的编程

【任务描述】

编程实现以下功能：

（1）电脑a上运行实训模拟软件A，电脑b上运行实训模拟软件B，电脑c上运行实训模拟软件C。然后打开实训模拟软件A上的"遥控模块"界面。

当实训模拟软件B上的两个烟雾传感器（连接在"数据采集模块"上和"Zgbiee模块"上）都为"无烟雾"时，表示B（左上角）停靠点天气状况良好（只要其中一个烟雾传感器为"有烟雾"，都说明天气状况不好，飞机不能停靠该点），实训模拟软件A上的飞机将停靠在屏幕的左上角，如图10-6所示。否则，当实训模拟软件C上的两个烟雾传感器（连接在"数据采集模块"上和"Zgbiee模块"上）都为"无烟雾"时，表示C（右上角）停靠点天气状况良好（只要其中一个烟雾传感器为"有烟雾"，都说明天气状况不好，飞机不能停靠该点），实训模拟软件A上的飞机将停靠在屏幕的右上角，如图10-7所示。

图10-6　实训模拟软件中飞机在左上角停靠点

图10-7　实训模拟软件中飞机在右上角停靠点

如果以上 2 个停靠点天气状况都不好,实训模拟软件 A 上的飞机将会暂时停靠在屏幕的左下角,如图 10-8 所示,以等待 B(左上角)或者 C(右上角)的停靠点的天气状况恢复正常后,再飞去停靠。

图 10-8　实训模拟软件中飞机在左下角停靠点

(2)当实训模拟软件 A 中的飞机移动的时候,手机上深红色圆形图片也会跟着一起往相同的方向移动一定比例的位移。

【任务实施】

打开"飞行智能停靠"程序文件 tk.java。修改如下:

(1)在 onCreate 事件上方的变量定义中,添加 1 个布尔变量 **tk_flg**,用于标记停靠点的天气状况是否良好。代码如下:

```
/*
    tk_flg 标记停靠点的天气状况是否良好
    false 为不好,true 为良好
*/
boolean tk_flg=false;
```

(2)在 onCreate 事件上方的 Runnable 对象线程 Thread 中的连接框架中,给成功连接电脑 a 的实训模拟软件添加程序代码,实现飞机能够根据雾况自动选择停靠点,如图 10-9 所示。

项目十 飞机智能停靠

```
Handler ha=new Handler();//handler异步处理机制
Runnable ra=new Runnable(){@Override
public void run() {
    //Thread为线程,涉及socket通信类的操作都要在线程里面执行
    new Thread(){public void run() {
        if(flg==true) return;//如果没有解锁,就直接退出
        flg=true;//上锁
        //连接电脑a上的实训模拟软件,运行遥控模块,控制飞机移动
        if(conn_successa==false)//如果还没连接,就进行连接
        {
            msocketa=new mysocket(ip,port);
            conn_successa=msocketa.isconnect();
        }
        else//连接成功
        {
            
        }
        //连接电脑b上的实训模拟软件
        if(conn_successb==false)//如果还没连接,就进行连接
        {
            msocketb=new mysocket(ip1,port);
            conn_successb=msocketb.isconnect();
        }
        //连接电脑b上的实训模拟软件
        if(conn_successc==false)//如果还没连接,就进行连接
        {
            msocketc=new mysocket(ip2,port);
            conn_successc=msocketc.isconnect();
        }
        flg=false;//解锁
    };}.start();
    
    ha.postDelayed(this, 3000);//每隔3s执行一次
}};//Runnable+Handler产生定时执行机制
```

> 此处是if的else语句,在else中编写程序,控制电脑a实训模拟软件的遥控模块中飞机的停靠

图10-9 控制电脑a实训模拟软件中飞机停靠的程序代码所在位置

具体程序代码和代码分析如下:

```
//发送获取飞机位置的命令:ykpos
msocketa.sendMsg("ykpos");
try {
    Thread.sleep(200);
} catch (InterruptedException e) {
    e.printStackTrace();
}
//返回飞机的位置(如:xy=200,300,表示目前在x=200,y=300的位置)
```

```java
String recstr=new String(msocketa.recvMsg()).trim();
if(recstr.length()>3)//长度一定大于3
  {
    Message ms=new Message();//新建消息
    ms.obj=recstr;//将飞机位置信息通过ms发送给handler处理
    ha1.sendMessage(ms);//触发handler的异步处理
  }
if(conn_successb==true)
{
    //发送获取实训模拟软件B上数据采集模块所接烟雾传感器值的命令
    msocketb.sendMsg("0FGIO");
    try {
        Thread.sleep(200);
    } catch (InterruptedException e) {
        e.printStackTrace();
    }
    //返回值如：0FIO=011111
    recstr=new String(msocketb.recvMsg()).trim();
    //正确返回字符串的长度为11
    if(recstr.length()==11)
    {   //取第5位就是烟雾传感器的值，如果是1，表示有烟雾
        if(recstr.substring(recstr.indexOf("=")+5,
                       recstr.indexOf("=")+6).equals("1"))
        {
            tk_flg=false;//有烟雾，标记不能停靠
        }
        else
        {
            tk_flg=true;//无烟雾，标记能停靠
        }
    }
    else//返回的信息有错
    {
        tk_flg=false;//标记不能停靠
    }
    // 只有前面的烟雾传感器是无烟状态，才去判断zgb2上所接的烟雾传感器
    if(tk_flg==true)
    {   /*获取接在zgb2上in0～in2的状态传感器值的命令为byte数组，
```

        数组中的0x30,0x02表示zgb2的地址
*/
byte[] zgb=
        {(byte)0xDE,(byte)0xDF,(byte)0xEF,(byte)0xD5,0x30,0x02,0x00};
try {
    msocketb.sendmsg(zgb);//msocketb发送byte数组命令
    try {
        Thread.sleep(400);
    } catch (InterruptedException e) {
        e.printStackTrace();
    }
    byte[] zgb_rec=msocketb.recmsg();
    try {
        Thread.sleep(400);
    } catch (InterruptedException e) {
        e.printStackTrace();
    }
    if(zgb_rec!=null)
    {
        if(zgb_rec.length>=7)//正确的返回值是长度为7的byte数组
        {
            //取最后一个数组元素zgb_rec1[6]，并变成整数
            int zgb_int=(int)zgb_rec[6];
            //将整数变成二进制字符串
            String zgb_str=Integer.toBinaryString(zgb_int).trim();

            if(zgb_str.length()>8)//如果转换后的二进制字符串长度大于8位,
                就取最后面的8位二进制字符
                zgb_str=zgb_str.substring(zgb_str.length()-8,
                                    zgb_str.length());
            }

            if(zgb_str.length()<8)//如果转换后的二进制字符串长度小于8位
            {
            for(int zi=0;zi<8-zgb_str.length();zi++)
            {//使用for循环,用'0'在前面补足8位,保证一定是完整的8位二进制字符
                zgb_str="0" + zgb_str;
            }

```java
                    }
                    if(zgb_str.substring(3, 4).equals("1"))//1表示有烟雾
                    {
                        tk_flg=false;//有烟雾，标记不能停靠
                    }
                    else
                    {
                        tk_flg=true;//无烟雾，标记能停靠
                    }
                }
                else//返回的信息有错
                {
                    tk_flg=false;//标记不能停靠
                }
            }
            else//返回的信息有错
            {
                tk_flg=false;//标记不能停靠
            }
        } catch (IOException e) {//程序运行出错
            e.printStackTrace();
            tk_flg=false;//标记不能停靠
        }
    }

    //通过前面的判断，实训模拟软件B的两个烟雾传感器都是无烟雾状态
    if(tk_flg==true)
    {    //B停靠点（左上角）可以停靠，发送飞机往左上移动的命令
        msocketa.sendMsg("yk_aw");
        try {
            Thread.sleep(200);
        } catch (InterruptedException e) {
            e.printStackTrace();
        }
    }
}
//以上是B停靠点（左上角）的判断程序
```

项目十 飞机智能停靠

```
//如果B停靠点（左上角）不能停靠，去判断C停靠点（右上角）是否可以停靠
if(tk_flg==false)
{
    if(conn_successc==true)
    {
        //发送获取实训模拟软件C上数据采集模块所接烟雾传感器值的命令
        msocketc.sendMsg("0FGIO");
        try {
            Thread.sleep(200);
        } catch (InterruptedException e) {
            e.printStackTrace();
        }
        //返回值如：0FIO=011111
        recstr=new String(msocketc.recvMsg()).trim();

        if(recstr.length()==11)
        {   //取第5位就是烟雾传感器的值，如果是1，表示有烟雾
            if(recstr.substring(recstr.indexOf("=")+5,
                        recstr.indexOf("=")+6).equals("1"))
            {
                tk_flg=false;//有烟雾，标记不能停靠
            }
            else
            {
                tk_flg=true;//无烟雾，标记可以停靠
            }
        }
        else//返回的信息有错
        {
            tk_flg=false;//标记不能停靠
        }
        //只有前面的烟雾传感器是无烟状态，才去判断zgb2上所接的烟雾传感器
        if(tk_flg==true)
        {   /*获取接在zgb2上in0~in2的状态传感器值的命令为byte数组，
                数组中的0x30,0x02表示zgb2的地址
            */
            byte[] zgb=
```

```java
        {(byte)0xDE,(byte)0xDF,(byte)0xEF,(byte)0xD5,0x30,0x02,0x00};
try {
    msocketc.sendmsg(zgb);//msocketb发送byte数组命令
    try {
        Thread.sleep(400);
    } catch (InterruptedException e) {
        e.printStackTrace();
    }
    byte[] zgb_rec=msocketc.recmsg();
    try {
        Thread.sleep(400);
    } catch (InterruptedException e) {
        e.printStackTrace();
    }
    if(zgb_rec!=null)
    {
        if(zgb_rec.length>=7)//正确的返回值是:长度为7的byte数组
        {   //取最后一个数组元素zgb_rec1[6],并变成整数
            int zgb_int=(int)zgb_rec[6];
            //将整数变成二进制字符串
            String zgb_str=Integer.toBinaryString(zgb_int).trim();

            if(zgb_str.length()>8)//如果转换后的二进制字符串长度大于8位,
                //就取最后面的8位二进制字符
                zgb_str=zgb_str.substring(zgb_str.length()-8,
                                zgb_str.length());
        }

        if(zgb_str.length()<8)//如果转换后的二进制字符串长度小于8位
        {
            for(int zi=0;zi<8-zgb_str.length();zi++)
            {//使用for循环,用'0'在前面补足8位,保证一定是完整的8位二进制字符
                zgb_str="0" + zgb_str;
            }
        }
        if(zgb_str.substring(3, 4).equals("1"))//1表示有烟雾
        {
            tk_flg=false;//有烟雾,标记不能停靠
```

项目十 飞机智能停靠

```
                    }
                else
                {
                    tk_flg=true;//无烟雾，标记可以停靠
                }
            }
            else//返回的信息有错
            {
                tk_flg=false;//标记不能停靠
            }
        }
        else//返回的信息有错
        {
            tk_flg=false;//标记不能停靠
        }
    } catch (IOException e) {//程序运行出错
        e.printStackTrace();
        tk_flg=false;//标记不能停靠
    }
}

//通过前面的判断，实训模拟软件C的两个烟雾传感器都是无烟雾状态
if(tk_flg==true)
{   //C停靠点（右上角）可以停靠，发送飞机往右上移动的命令
    msocketa.sendMsg("yk_dw");
    try {
        Thread.sleep(200);
    } catch (InterruptedException e) {
        e.printStackTrace();
    }
  }
 }
}
//以上是C停靠点（右上角）的判断程序

if(tk_flg==false)//以上两个停靠点都不能停靠
{   //发送飞机往左下移动的命令，暂时先停在左下角
    msocketa.sendMsg("yk_as");
```

```
    try {
        Thread.sleep(200);
    } catch (InterruptedException e) {
        e.printStackTrace();
    }
}
```

任务三教学视频,可扫描如图10-10所示的二维码。

图10-10 "飞机智能停靠"任务三教学视频二维码

【项目评价】

任务	要求	权重	评价
界面设计	按要求完成主界面和"飞机智能停靠"界面的设计	10%	
主界面和功能界面之间跳转的编程	点击主界面中的"飞机智能停靠"按钮,能正常跳转到"飞机智能停靠"界面;点击"飞机智能停靠"界面菜单中的"返回主界面"菜单项,能正常返回主界面	5%	
实训模拟软件A上的飞机实现智能停靠的编程	实训模拟软件A上的飞机,能根据实训模拟软件B和实训模拟软件C上烟雾传感器的状态值,智能选择合适的停靠点	70%	
实训模拟软件A上的飞机定位的编程	实训模拟软件A上的飞机移动的时候,其位置能在手机屏幕上同步更新显示	5%	
学习表现	考察学生的学习态度和学习能力	10%	

【项目总结】

本项目主要讲解了弹出框AlertDialog.Builder对象进行多个ip地址输入的编程方法,以及实现飞机智能停靠的编程方法等内容。学生通过本项目的学习,掌握多个实训模拟软件联网互动的编程方法,为后续物联网编程的学习打下坚实的基础。

【思考和练习】

编程实现4个实训模拟软件的飞机接力飞行：点击启动按钮，实训模拟软件A的飞机飞停在左上角，实训模拟软件B的飞机飞停在右上角，实训模拟软件C的飞机飞停在右下角，实训模拟软件D的飞机飞停在左下角。就位后，实训模拟软件A的飞机朝着右上角的方向移动，当实训模拟软件A的飞机到达右上角时，实训模拟软件B的飞机向右下角的方向移动，当实训模拟软件B的飞机到达右下角时，实训模拟软件C的飞机向左下角的方向移动，当实训模拟软件C的飞机到达左下角时，实训模拟软件D的飞机向左上角移动。

参考文献

[1] 王向辉,张国印,赖明珠. 高等院校信息技术规划教材:Android应用程序开发[M]. 2版. 北京:清华大学出版社,2012.

[2] 毋建军. 高等院校信息技术规划教材:Android高级开发技术安全教程[M]. 北京:清华大学出版社,2015.

[3] 周丽婕,朱姗,徐振. 物联网技术与应用实践教程[M]. 武汉:华中科技大学出版社,2020.